建筑遮阳
设计与应用

崔艳秋　蔡洪彬　孙鲁军 等　著

U0261532

中国电力出版社

CHINA ELECTRIC POWER PRESS

内 容 提 要

本书为绿色建筑系列图书，主要内容包括建筑遮阳概述、建筑遮阳应用现状调研、遮阳与建筑的相关性、建筑遮阳对建筑能耗的影响分析、建筑遮阳对自然采光与通风的影响、遮阳与建筑一体化设计方法研究、遮阳与建筑一体化构造技术分析、遮阳与建筑一体化设计实践案例分析。本书所涉及的建筑遮阳技术全面而系统，并注意理论知识与实践案例的紧密结合，图文并茂，深入浅出，通俗易懂，有利于读者阅读和理解，对相关专业人士亦有助益。

本书可作为高等院校土木工程、建筑学等相关专业的教材，也可作为科研院所、遮阳产品生产厂家、工程设计人员等参考用书。

图书在版编目（CIP）数据

建筑遮阳设计与应用 / 崔艳秋等著 . —北京：中国电力出版社，2024.8
ISBN 978-7-5198-6386-9

Ⅰ . ①建… Ⅱ . ①崔… Ⅲ . ①建筑－遮阳－设计 Ⅳ . ① TU113.4

中国版本图书馆 CIP 数据核字（2022）第 000617 号

出版发行：中国电力出版社
地　　　址：北京市东城区北京站西街 19 号（邮政编码 100005）
网　　　址：http://www.cepp.sgcc.com.cn
责任编辑：霍文婵
责任校对：黄　蓓　马　宁
装帧设计：郝晓燕
责任印制：吴　迪

印　　刷：固安县铭成印刷有限公司
版　　次：2024 年 8 月第一版
印　　次：2024 年 8 月北京第一次印刷
开　　本：787 毫米×1092 毫米　16 开本
印　　张：12.75
字　　数：314 千字
定　　价：65.00 元

前　　言

　　建筑的高能耗已成为社会各界关注的重点问题,人们的节约能源和环境保护意识逐步增强,发展低能耗、低碳建筑是当前全球建筑行业的重要趋势。因此,可持续发展理念引领着建筑设计的深刻变革,绿色节能的设计方法是实现我国"双碳"目标的关键举措。

　　建筑遮阳构件既可以调节室内的太阳辐射热,有利于降低建筑能耗和碳排放,也是建筑外围护结构的重要组成部分,具有功能与美观双重作用,探讨遮阳与建筑的一体化设计方法,可以在实现建筑整体节能减排的同时,提升建筑室内环境品质,并美化建筑形象,促进建筑艺术与技术的完美结合,为建筑师提供丰富的创作灵感。

　　近年来,课题组结合"基于山东地域特点的建筑遮阳绿色技术研究"重点研发项目,对遮阳与建筑一体化设计进行了系统的技术研究,并经过大量工程实践应用验证,取得了显著成效,总结提出了基于节能和美观双目标下的建筑遮阳技术措施和设计方法。

　　本书系统介绍了建筑遮阳的基础知识和相关技术,首先包括建筑遮阳的发展、基本类型、相关标准体系、建筑遮阳应用现状、遮阳与建筑的相关性等;其次,建筑遮阳对建筑能耗和建筑自然采光与通风的影响分析,以及遮阳与建筑一体化设计方法和构造技术的研究;另外,对相关应用的实践案例进行了定量化分析,揭示了建筑遮阳的绿色内涵,提出了技术应用策略。为建筑师开展设计技术与美学表现有机融合的建筑创作提供指导,并启发和引导相关建筑从业者和遮阳产品企业的技术人员,加强知识储备和技术积累,促进建筑遮阳产品的研发和技术的快速发展,助力我国建筑领域"双碳"目标实现。

　　本书由山东建筑大学崔艳秋、蔡洪彬等著,各章执笔人为:山东建筑大学崔艳秋、刘琦负责第一、六、七章;山东建筑大学蔡洪彬负责第二、五章;山东省住房和城乡建设发展研究院孙鲁军负责第三章;山东建筑大学苗纪奎负责第四、八章。

　　本书是项目组共同研究和实践的成果结晶,团队的陈正舒、柳春蕾、孙楠、牛微、金明明、张航悦、赵朔等研究生参与了项目调研、测试分析、工程设计及部分编辑工作,在此表示感谢。

　　限于作者水平,文字表述也可能存在疏漏,恳请读者批评指正。

编著者
2024 年 5 月

目　　录

第1章 建筑遮阳概述

1.1 建筑遮阳发展概述

建筑遮阳是通过设置在建筑透明外围护结构上的部件设施，阻断直射阳光透过玻璃进入室内，防止眩光，并减少室内得热的重要建筑节能手段。建筑遮阳措施的大力发展，必将对实现我国建筑节能减排目标、低碳经济建设和保持经济可持续发展等工作做出突出的贡献。

1.1.1 建筑遮阳历史沿革

1. 国内建筑遮阳历史沿革

太阳是生命之源。自万物初始，阳光就与人类生活和社会发展保持着极为密切的关系。在我国悠久的历史长河中，建造者充分发挥他们的智慧和才能，因地制宜地创造出极富地域特色和时代特征的建筑遮阳技术，并在不断的建筑实践中取得了丰硕的成果，其发展历程大致可以分为两个阶段，分别是传统建筑遮阳阶段与近现代建筑遮阳阶段。

（1）传统建筑遮阳。自古以来，建筑遮阳一直被广泛应用于建筑设计中，许多遮阳构件都成为我国传统木构建筑的重要组成部分。春秋战国时期，我国传统建筑中已出现大屋顶和挑檐的构造形式，其目的不仅是出于对建筑长久的保护，而且还可以起到御寒隔热遮阳的作用；在传统民居建筑窗口上都设有支摘窗，用木材做成，窗板向外支撑起遮阳作用，可固定设置，也可自由调节角度，同时视线无阻且便于通风，如图1-1所示；建筑中连通不同空间的连廊，有外走廊、中廊、骑楼等多种形式，不仅用于人们道路上的往返，而且具有遮阳避雨的作用，如图1-2所示；"天井"也是我国夏热冬冷地区人们为了遮阳蔽日、通风纳凉而采取的特有建筑构造形式，如图1-3所示；在自家院落里种植植物，既能够陶冶性情，也可利用形成的绿化遮阳创造宜人的室外微环境，如图1-4所示。

图1-1　支摘窗遮阳

图1-2　骑楼遮阳

图 1-3 天井遮阳　　　　　　　　　　　　　　　图 1-4 绿化遮阳

因此可以说，早在我国古代，居民与匠人在建造房屋的时候，就已经考虑到了建筑遮阳的问题，而且能够根据当地气候、地域条件，做到因地制宜、就地取材，从实际出发，进行了丰富的遮阳实践。

（2）近现代建筑遮阳。到了近现代，许多建筑学者从不同的专业角度对建筑遮阳原理和设计方法都进行了深入的理论研究。刘致平在分析"一颗印"传统民居时，指明因云南多山且近赤道，故房屋挑檐较深，建筑间隔较小；夏昌世提出了窗口综合遮阳形式并进行了设计实践，例如在中山医学院生化楼的窗口外侧，设置了综合遮阳板，为建筑塑造了全新的外观形象，如图 1-5 所示。在遮阳产品的发展方面也取得了长足进步，随着我国经济和科技水平的快速发展，以及改革开放的政策实施成为有力的助推剂。目前市场上涌现出各形各色的窗布料、塑料百叶窗帘、铝合金百叶帘等遮阳产品，大大拓宽了遮阳设计的思路。遮阳形式也开始变得多彩多样，除传统的支摘窗遮阳、骑楼遮阳、天井遮阳、绿化遮阳外，还出现了各式各样的百叶遮阳、卷帘遮阳以及建筑自遮阳等。在遮阳形式的驱动技术方面，除了手动驱动外，增加了单控、群控等各种电动驱动模式以及雨、雪、阳光等智能驱动模式。同时，设计师开始看重遮阳部件与建筑整体的整合设计，正在逐步提高遮阳与建筑的"一体化"设计程度。

图 1-5 中山医学院生化楼窗口综合遮阳

到了 20 世纪 90 年代，我国的建筑节能专家考虑到窗户是建筑空调和采暖能耗的重点，在研究发达国家经验和分析国内建筑现状的基础上，提出应大力发展建筑遮阳行业的策略，于是在制定相关标准规范时，对建筑的遮阳系数都做出了具体规定。进入 21 世纪之后，中国的遮阳技术已经得到了迅猛发展，各种遮阳形式日新月异，不管是外形设计还是技术手段都是不断在推陈出新，出现了百花齐放的景象，遮阳措施逐渐得到了广泛的使用。

2. 国外建筑遮阳历史沿革

西方国家对于建筑遮阳的相关研究可以追溯到古希腊时期。赞诺芬（Xenophon）首先提到了建立柱廊以遮挡夏季高角度阳光并让冬季低角度阳光进入房间的问题。在公元前一世纪左右，维特鲁威（Vitruvius）在《建筑十书》中解释了建筑物的选址，提到了太阳辐射与建筑物布局、方向等之间的关系，并提出了避免南向辐射热的建议。在文艺复兴时期，阿尔伯蒂（Alberti）在《论建筑》中还描述了建筑物选址如何避免阳光直射的问题。地中海地区的建筑师使用诸如拱廊和阳台之类的建筑物组件来丰富建筑物的形状，同时实现对太阳辐射的有效遮挡。从古希腊时期到 17 和 18 世纪，没有关于建筑物遮阳的特殊研究，大多数建筑师仅凭经验来解决防晒问题，并且仅在此基础上形成建筑的遮阳方案。在西方，遮阳理论的系统研究实际上始于现代主义建筑的兴起。作为现代建筑中重要的组成构件，遮阳开始受到越来越多的关注。

（1）遮阳方式与光影相结合的阶段。20 世纪初，随着现代建筑的兴起与发展，作为现代建筑先驱之一的勒·柯布西耶（Le Corbusier）较早地探索了现代遮阳技术。此外，巴西建筑师 Ni Meyer 和 Robert Brothers 也探索了现代建筑的遮阳技术。欧洲作为现代建筑的发源地，由于气候原因，建筑的遮阳并没有受到太多关注。在印度和巴西等气候晴朗，炎热的国家进行建筑实践时，勒·柯布西耶（Le Corbusier）意识到了建筑遮阳的必要性，并开始对建筑进行遮阳设计。鉴于其对遮阳构件的可行性进行了大量研究，勒·柯布西耶（Le Corbusier）获得了"光影美学"的建筑师称号。1928 年，他首次在迦太基房屋设计中使用了遮阳设施。1936 年，在里约热内卢的国家教育和公共卫生大楼的设计中使用了百叶窗（图 1-6）。从那时起，遮阳开始作为一种独特的外观建筑语言出现在建筑中，形成了一种新的建筑立面风格。

图 1-6　里约热内卢教育和卫生部大楼

（2）遮阳方式与气候相结合的阶段。随着生态文明和可持续发展的理念逐步深入人心，越来越多的建筑师开始专注于研究适应于不同气候条件下的生态建筑设计策略。尤其是在深受现代主义影响的炎热地区，最先出现了适应于地域气候特点的建筑遮阳设计。建筑师哈桑·法赛、查尔斯·柯里亚和杨经文等就是这方面的杰出代表。他们都将建筑遮阳作为应对炎热气候的重要策略，并运用到设计实践中。哈桑·法赛通过深入比较传统百叶、木板帘等遮阳构件的遮阳特征，创造出许多合理适用的改进方案（图 1-7）；查尔斯·柯里亚的作品中利用遮阳棚架和建筑自身形体凹凸形成的阴影来实现遮阳的目的并形成了具有鲜明特色的建筑语言（图 1-8）；杨经文根据不同维度与建筑方位的关系，创造出一套遮阳设计系统，在方位、形状、尺度、角度等方面对遮阳进行精心的设计，通过遮阳来改善室内光热环境，同时也注重遮阳对建筑形体的影响。

（3）遮阳美学与技术相结合阶段。进入 21 世纪，随着可持续发展理论的飞速发展，建筑遮阳设计已成为外国建筑师关注的焦点。一方面，阴影形式更加丰富，节能效果更好；另一方面，遮阳作为一种重要的设计方法，对建筑物的美学和形状具有重要影响，并且遮阳构件逐渐成为建筑风格的重要组成部分。随着绿化技术的提高，建筑师在建筑设计中增加了绿化的应用（图 1-9）。为追求更高的效率，智能控制系统已逐步得到改进和应用（图 1-10）；随着人们越来越重视历史背景，建筑师也将遮阳用作构建区域特色的一种手段。建筑物的外部遮阳逐渐成为一种新的建筑语言，越来越多的建筑师将其与建筑物一起整体设计以表达不同的建筑设计概念和思想。

图 1-7　新巴里斯村

图 1-8　干城章嘉公寓楼

图 1-9　巴黎左岸社区

图 1-10　巴哈尔塔

1.1.2　建筑遮阳产业发展历程

建筑遮阳的发展离不开建筑遮阳产业的支持。建筑遮阳产业不仅包括有关建筑遮阳的产品设计、生产、组装、销售、施工安装、工程检测，以及验收等方面的企业部门，而且包括针对建筑遮阳展开的标准、规范的制定等科学研究。

我国的建筑遮阳产业始于 20 世纪 90 年代，当时，国外先进遮阳产品和外资遮阳企业纷纷进入国内市场，其遮阳产品的节能效果较为明显，使得一些民营企业家得到启发，紧跟着展开对国外先进遮阳技术的研究与学习，并进一步自主研发适应于我国国情的新型遮阳产品，我国遮阳技术和产业格局也随之焕然一新。

进入 21 世纪以来，由于建筑节能提上议程，在国家建筑节能相关标准的推动下，几家核心遮阳企业迈出了坚实的步伐，推动了建筑遮阳行业的大力发展。现在我国的遮阳企业已能生产多种规格和形式、适应于不同性能和需求的遮阳产品，不管是复杂的技术要求还是创新的造型设计，不管是遮阳产品原材料、遮阳半成品还是遮阳制成品，都能够快速生产出来。而且，由于我国一些重点企业的遮阳产品质优价廉，也非常迎合国际市场的需求，因此在国际竞争中也能不断争取到订单，遮阳产品远销东南亚、美洲和欧洲，企业队伍壮大的同时，也大大开拓了国际市场版图。

随着市场的发展，整个建筑行业渐渐步入正轨，并展开了细致合理的分工：建筑遮阳科学研究工作由一些建筑科学院和一些较大型遮阳企业进行；建筑遮阳工程设计由一些承担该工程的建筑设计院同时完成；建筑遮阳工程施工由一些承担该工程施工的施工公司，或提供遮阳产品的企业完成；建筑遮阳产品与工程检测由一些建筑遮阳产品生产企业或者建筑设计院、检测所进行；建筑遮阳设施的维修按约定由产品供应商或者业主自行完成。

1.2 建筑遮阳类型

建筑遮阳的发展历史悠久，从远古到今朝，由固定的建筑物本体遮阳，发展到现在各式各样的遮阳形式，种类极其繁多。

1. 按照遮阳部件与外围护结构的位置关系分

遮阳类型按照遮阳部件与外围护结构的位置关系分为外遮阳、中间遮阳、内遮阳三类，如图 1-11 所示。

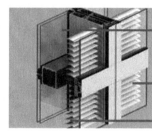

(a) 外遮阳　　　　　　　　　　(b) 中间遮阳　　　　　　　　　　(c) 内遮阳

图 1-11　按照遮阳部件与外围护结构的位置关系分类的遮阳类型

外遮阳为设置在建筑物外围护结构室外侧用以遮挡或调节进入室内的太阳光及热辐射的建筑措施。常见的形式有外遮阳软卷帘、外遮阳硬卷帘、遮阳篷、外遮阳板等。建筑外遮阳能遮挡太阳光的辐射，进而减少进入室内的热量，但是外遮阳形式也要经受风吹日晒等气候因素的不利影响，因此应特别注意外遮阳部件的耐候性设计。

中间遮阳为设置在建筑物外围护结构（主要指外窗）中间或者内部用以遮挡或调节进入室内的太阳光及热辐射的建筑措施。常见的形式有两层幕墙中间设置遮阳帘，双层玻璃窗中间内置百叶等。中间遮阳对于改善玻璃幕墙建筑的热工效果以及提高室内的热舒适性，作用十分显著，且由于有外层玻璃保护，提高了中间遮阳部件的耐久性能，同时拥有整洁干净的外立面造型表现力，因此，中间遮阳虽然出现较晚，但是很快被人接受并广泛应用在建筑遮阳设计当中。

内遮阳为设置在建筑物外围护结构室内侧用以遮挡或调节进入室内的太阳光及热辐射的建筑措施。常见的形式有各类室内窗帘、百叶帘、天篷帘等。当前我国的居住建筑绝大部分应用内遮阳，因为安装、使用和更换内遮阳最为方便简单，且不受建筑外立面效果以及高层建筑抗风要求的限制。但是由于内遮阳设在室内，建筑太阳热量已通过窗玻璃进入室内，因此内遮阳阻隔太阳辐射热的作用很小，节能效果远不及外遮阳。

2. 按照遮阳部件所遮挡的位置分

遮阳类型按照遮阳部件所遮挡的位置分为门窗遮阳、墙体遮阳、屋顶遮阳三大类，如图 1-12 所示。

  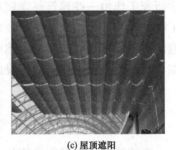

(a) 门窗遮阳　　　　　　　　　(b) 墙体遮阳　　　　　　　　　(c) 屋顶遮阳

图 1-12　按照遮阳部件所遮挡的位置分类的遮阳类型

门窗遮阳指为建筑的门、窗及洞口遮挡或调节进入室内的太阳光及热辐射的建筑措施。常见的遮阳形式有百叶帘、硬卷帘、织物卷帘、内置百叶中空玻璃遮阳窗等遮阳形式。

墙体遮阳指为建筑的外围护墙遮挡或调节进入室内的太阳光及热辐射的建筑措施。常见的有墙体绿化遮阳、附加防晒墙遮阳、双层幕墙中置遮阳等形式。

屋顶遮阳指为建筑的屋顶遮挡或调节进入室内的太阳光及热辐射的建筑措施。常见的有采光顶电动天棚帘遮阳、采光顶百叶遮阳等形式。

3. 按照遮阳部件的可控性分

遮阳类型按照遮阳部件是否活动可调可以分为固定式遮阳与可调式遮阳两大类，如图 1-13 所示。

(a) 固定式遮阳　　　　　　　　　　　　　　　　　(b) 活动式遮阳

图 1-13　按照遮阳部件是否活动分类的遮阳类型

固定式遮阳是指一旦安装完毕，则不可轻易活动的永久性遮阳措施。固定式遮阳部件通常与建筑立面紧密结合，在墙体砌筑过程中与墙体共同浇筑、安装，或者在窗口周边预留相应位置，多采用钢筋混凝土、金属等材料。它的优点是成本低，技术要求较低，一旦建成就不需要再作调整，可以节约大量的人力和财力；缺点是不能根据季节、天气环境和每天日照的变化随时调整遮阳效果来满足建筑对自然采光通风的需求。

活动式遮阳是指安装完毕后，可以通过人工、机械或者自动感应设备随时改变遮阳效果的可调控式遮阳措施。活动式遮阳构件可以根据季节、天气环境和每天日照的变化调节遮阳构件的角度、大小和形态，从而满足建筑对自然采光通风的最佳需求。较之固定式遮阳，活动式遮阳具有灵活性高、更为节能等优点，但是成本较高，如果维护管理不到位，活动式遮阳就会变成固定式遮阳，造成资源上的浪费。

4.按照遮挡太阳光的角度分

由于太阳在一年四季循环往复地变化，导致太阳光线入射角度随太阳的高度角和方位角不断改变，进而直接影响着各朝向遮阳构件的设置位置及方式的选择。因此，遮阳类型按照遮阳部件遮挡太阳光所适合的角度分为水平遮阳、垂直遮阳、综合遮阳、挡板遮阳四大类，如图 1-14 所示。

(a) 水平遮阳

(b) 垂直遮阳

(c) 综合遮阳

(d) 挡板遮阳

图 1-14　按照遮阳部件所遮挡的位置分类的遮阳类型

水平遮阳是指能有效遮挡太阳高度角较大的入射阳光，且整体上与地面呈水平状态的遮阳措施，主要适用于北半球的南向和南半球的北向遮阳。水平遮阳部件可以形成水平方向的线条，同时塑造连续、稳定的视觉观感。

垂直遮阳是指能有效遮挡太阳高度角较小、从侧面射来的阳光，且整体上与地面、外墙均呈垂直状态的遮阳措施，主要适用于东北和西北方向遮阳。垂直遮阳可以在建筑立面形成竖向线条，在视觉上具有向上、挺拔的动势。

综合式遮阳兼有水平遮阳和垂直遮阳部件，因此汇集了水平遮阳和垂直遮阳的特点，适用于建筑各个朝向的遮阳。综合遮阳营造的纵横交错的布局，能够增强建筑立面的韵律感。

挡板遮阳是指能有效遮挡太阳高度角小的正射阳光，且整体上与要遮挡的建筑部位持平行状态的遮阳措施，主要适用于东、西向遮阳。挡板遮阳在视线上一般以面的形式存在，便于塑造稳定、厚重之感。

5. 按照遮阳部件的标准化程度分

根据遮阳部件的标准化设计与应用的程度不同，可以将遮阳部件分为三类：产品遮阳、构件遮阳、建筑自遮阳，如图 1-17 所示，三者的标准化程度呈现递减趋势。

产品遮阳是指将在设计与应用过程中高度标准化的产品作为遮阳的实现手段。其遮阳产品通常可以从商家直接购买，不用进行二次设计，安装、维修与替换方便快捷，几乎没有湿作业，适用性很强，根据需要遮挡位置的大小可以进行产品尺寸上的快速调整，大都可以在实际工程项目中直接采用，具体产品类型包括遮阳卷帘、遮阳纱幕、遮阳篷、遮阳活动百叶、玻璃自遮阳等。

构件遮阳是指将在设计与应用过程中标准化程度呈居中状态的部件作为遮阳的实现手段，其遮阳构件针对性较强，一般要经过建筑师的二次设计，常常以板的形式出现，具有一定的普适性。遮阳构件在遮阳部位的室外侧较为常见，安装过程中有时会掺杂少量的湿作业，有时还是全部干作业施工，常见的形式有水平板遮阳、垂直板遮阳、隔栅遮阳等。

建筑自遮阳是指将在设计与应用过程中标准化程度呈低端状态的部件作为遮阳的实现手段。建筑自遮阳一般经过设计师的精心设计，采用与建筑外围护结构相同或相似的材料进行施工和装饰，只适用于某个特定建筑，因此标准化程度较低。常见类型有挑檐遮阳、阳台遮阳、廊道遮阳等。

6. 按照遮阳部件的主体材料分

遮阳类型按照遮阳部件的主体材料不同可分为织物、金属、木材、塑料、玻璃、砖石混凝土等，如图 1-15 所示，将不同的遮阳材料进行组装做成帘、带、板、条或骨架等用于遮阳部位，效果各异。

(a) 产品遮阳　　　　　　　　　(b) 构件遮阳　　　　　　　　　(c) 建筑自遮阳

图 1-15　按照遮阳部件的标准化程度分类的遮阳类型

织物遮阳指主体材料由玻璃纤维、聚酯纤维面料组成的遮阳措施。常见的形式有室外织物遮阳篷、窗帘等。玻璃纤维等织物材料具有多变的色彩，柔软的质地，因此能塑造出丰富的遮阳效果。

金属遮阳指主体材料由表面喷塑或氟碳喷涂处理后的铝合金、不锈钢等金属组成的遮阳措施。常见的形式有金属质地的百叶帘、穿孔遮阳板、格栅遮阳产品等。一般金属遮阳产品表面光洁，色泽亮丽，且可塑性强，因此常被应用于公共建筑外遮阳。

木材遮阳指主体材料由防腐天然木材、人造板材等组成的遮阳措施。木材加工容易，质地自然，为自古至今常用的遮阳材料。在遮阳部件的应用当中应充分考虑其使用寿命和耐腐蚀等方面的不利因素。

塑料遮阳指主体材料由塑料组成的遮阳措施。塑料可注塑成所需要的形状、尺寸，且质轻、耐腐蚀，常常用于制作遮阳百叶的叶片，但是其使用寿命一般低于金属材料。

玻璃遮阳指主体材料由玻璃组成的遮阳措施。常见的形式有玻璃百叶遮阳、镀膜玻璃遮阳、太阳能光电玻璃遮阳等。在百叶遮阳的应用当中，一般也选用通过镀膜、着色、印花或贴膜等方式降低遮阳系数的玻璃，从而降低进入室内的太阳辐射热量。

砖石混凝土遮阳指主体材料由砖、石、混凝土等砌块组成的遮阳措施。常见的形式有砖（石、混凝土）内凹形成的建筑自遮阳、遮阳板等。因为该类遮阳自重一般较大，所以应特别注意结构与构造上的细部设计，同时还可以通过涂刷粉饰等方式提高遮阳部件整体的视觉表现力，如图 1-16 所示。

(a) 织物遮阳　　　　　　　　(b) 金属遮阳　　　　　　　　(c) 木材遮阳

(d) 塑料遮阳　　　　　　　　(e) 玻璃遮阳　　　　　　　　(f) 砖石混凝土遮阳

图 1-16　按照遮阳部件的主体材料分类的遮阳类型

1.3　建筑遮阳标准体系

1.3.1　国外建筑遮阳标准体系情况分析

国外发达国家非常重视遮阳技术的研发，并分别提出了建筑遮阳技术应用的相应规定：德国建筑节能系统和技术在欧洲和世界处于领先地位，颁布的新建筑节能法规 EnEV2016 反映了德国建筑节能技术的最新研究成果，具有很强的实用性。这项新的技术规范已从控制单个建筑物围护结构（例如外墙，外窗，屋顶）的最低保温隔热指标转变为控制建筑物的真实能耗，从而实现了严格而有效的能耗控制，其中对建筑遮阳技术的要求是其核心部分。

日本于 1978 年提出"住宅节能设计基准"，并在 1992 年时修改成"住宅新节能基准与指针"，其中专门加入了有关遮阳的规定，亦即太阳辐射的得热系数值，并规定在日本本洲以南的炎热地区的四个气候区不得超过各自的最高限值，从而在日本的住宅的全年热负荷指标（PAL）中把原来单一使用"隔热基准"控制完善为"隔热基准"和"遮阳基准"双重控制。

新加坡1979年颁布了"新加坡建筑节约能源规范"，其中建筑围护结构的规范指标是仿效美国加州的OTTV（外壳总传热指标）来制订的，在OTTV中对于透光部分的太阳辐射得热有所限定，即规定了该部分围护结构"遮阳能力"。

1.3.2 国内建筑遮阳标准体系情况分析

随着遮阳行业的发展，我国相继出台了一系列关于建筑遮阳的国家标准、地方标准及行业标准，一方面，将关于建筑遮阳的要求作为《居住建筑节能设计标准》和《公共建筑节能设计标准》等综合性标准的其中一部分内容进行编写，其内容主要包括遮阳系数的限定与计算等。另一方面，将关于建筑遮阳的要求进行独立的编辑与出台，如《建筑外遮阳工程技术规程》《建筑外遮阳工程施工及验收规程》《建筑外窗、遮阳及天窗节能设计规程》《建筑节能外窗建筑遮阳》等。与建筑遮阳相关的国家标准、地方标准、行业标准都是针对遮阳设施要求、结构设计、机电控制设计、施工安装、工程验收等都做出了较为详细的规定。

我国近些年来相继出台了一系列建筑遮阳产品标准，多达40余项，包括《建筑遮阳产品术语标准》《建筑用遮阳金属百叶窗》《建筑外遮阳产品抗风性能试验标准》等，此类标准针对各种遮阳产品的设计、使用、施工、安装、验收、监管和维护的各个环节做出了详细的规定。遮阳产品技术和产品质量检测等相关标准的制定，能够一改先前企业按照自身的标准进行生产经营的面貌，有助于改善遮阳行业的产品质量，保证施工安全，规范市场竞价。

第2章　建筑遮阳应用现状调研

2.1　建筑遮阳应用类型调研分析

遮阳对建筑的依附关系，使遮阳成为建筑设计中不可或缺的部分，引起越来越多的设计师的重视。针对建筑遮阳的应用现状展开调研，能够发掘遮阳设计中存在的不足，从而为建筑遮阳设计的全面展开打下坚实的基础。

2.1.1　按建筑类型

在调研过程中，根据建筑的类型不同将采取遮阳措施的建筑分为公共建筑和居住建筑两大类，共744座。其中，公共建筑有456栋，包括酒店建筑、办公建筑、医院建筑、展览建筑、教育建筑、体育建筑等；居住建筑有288栋，包括多层住宅和高层住宅等。建筑类型与遮阳情况详见表2-1。

表2-1　　　　　　　　　　　　　　建筑类型调研样本分析　　　　　　　　　　单位：栋

采取遮阳措施的建筑类别	公共建筑						居住建筑		总计
	酒店建筑	办公建筑	医院建筑	展览建筑	教育建筑	体育建筑	多层住宅	高层住宅	
数量	256	600	120	16	56	8	152	136	744

调研结果表明：采用遮阳措施的公共建筑、居住建筑占比分别为79%、21%。在公共建筑类型中，办公建筑、酒店建筑、医院建筑、教育建筑、展览建筑、体育建筑的占比依次递减（图2-1）。其中，采用遮阳措施的办公建筑占比高达45%，这是由于办公建筑在设计过程中常常出现大面积开窗的情况以及使用人员对于遮阳的强烈需求所造成的（图2-2）；而展览建筑本身即对采光需求较低，体育建筑的维护结构一般不考虑采光状况，因而此二类建筑较少进行遮阳设计。在居住建筑中，采取遮阳措施的多层住宅与高层住宅的占比相对持平。这说明居住建筑的层高对是否进行遮阳设计几无影响（图2-3）。

2.1.2　按遮阳位置

在调研过程中，将建筑遮阳状况分为外遮阳、内遮阳、中间遮阳、无遮阳四类。其中，采用两种以上组合遮阳形式的建筑占37%，采用单一遮阳形式的建筑占63%，如图2-4所示。在所调研的采用单一遮阳形式的建筑中，采用外遮阳、内遮阳、中间遮阳、无遮阳的建筑占比分别为22%、42%、5%、31%，如图2-5所示，可以发现，内遮阳的使用率最高。

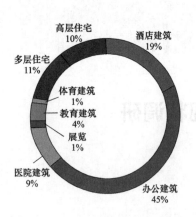

图 2-1　公共建筑遮阳统计结果　　图 2-2　山东广电中心结构挑檐遮阳　　图 2-3　劳教所宿舍遮阳篷设计

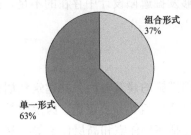

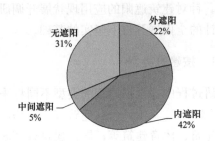

图 2-4　遮阳位置统计结果 1　　　　　图 2-5　遮阳位置统计结果 2

究其原因发现，虽然在能耗方面，内遮阳的节能效果远不及外遮阳和中间遮阳，但是，在进行建筑方案设计之初，大多数建筑师并不会优先考虑为建筑做遮阳设计，遮阳措施主要是在装修阶段由户主或者专门的装修公司来完成，这时一般都是采用安装、使用、更换方便的室内窗帘、百叶帘等内遮阳措施，人在室外侧也可以清楚看到内遮阳百叶帘的使用，如图 2-6 所示。同时，在外遮阳设计中，最为常见的是从建筑外墙出挑的板式固定遮阳形式，以平安银行大楼外立面的遮阳设计为例，这样的遮阳措施能够较好地与建筑本身保持"一体化"的设计理念，并且施工简单，较为经济，如图 2-7 所示，但是该类固定遮阳形式未能充分考虑寒冷地区冬季最大得热的情况，且遮阳面板的尺度参数设计较为随意，较难实现遮阳效率最大化。而中间遮阳形式具有造价较高、不便维修的缺点，因此中间遮阳的使用率最低。在遮阳与建筑的"一体化"设计方面，中间遮阳与建筑设计的整合程度较高，但是其对遮阳部件本身造型以及建筑整体外观的视觉效果影响较小，如图 2-8 所示。至于没有任何遮阳措施的建筑，如山东省环保学校教学楼，如图 2-9 所示，这类建筑一般使用率较低，投资较少，因此缺乏遮阳设计。

2.1.3　按遮阳形式

在调研过程中，将建筑的遮阳形式分为水平遮阳、垂直遮阳、综合遮阳、挡板遮阳四类。其中，采用两种以上组合遮阳形式的建筑占 28%，采用单一遮阳形式的建筑占 72%，如图 2-10 所示。

在采用组合遮阳形式的建筑中，为提高遮阳的节能效果，一般根据房间朝向及使用功能

图 2-6　新宇办公楼内遮阳

图 2-7　平安银行外遮阳

图 2-8　龙达商务办公楼中间遮阳

图 2-9　省环保学校教学楼无遮阳

的不同而选择不同的遮阳形式，容易造成建筑中多种遮阳形式组合并存的现象。而在此类建筑中，采用遮阳与建筑的一体化设计方法的也较多，且较为重视遮阳材料以及构成形态与建筑的关联性表达，整体效果较为和谐美观，如图 2-11 所示。而采用单一遮阳形式的建筑是指在建筑各个遮阳位置采取同样的遮阳形式与构造技术措施，或者只在建筑南向房间的窗口位置安装某种单一的遮阳构件，该类建筑一般在"遮阳与建筑一体化"设计上缺乏深度的挖掘，表现力较为平庸，如图 2-12 所

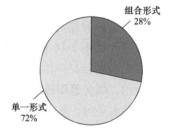

图 2-10　遮阳形式统计结果 1

示。这主要是因为，采用单一遮阳形式的建筑多在设计之初对遮阳与建筑一体化设计的考虑较少。而通过调研发现，采用单一遮阳形式的建筑数量远远超出采用组合遮阳形式的建筑数量。因此，应加强遮阳与建筑一体化设计相关理论知识的培训，提高设计人员对建筑遮阳设计的重视程度。

在采用单一遮阳形式的建筑中，采用水平遮阳、垂直遮阳、综合遮阳、挡板遮阳的建筑占比分别为 40％、19％、11％、30％，如图 2-13 所示。可以发现，水平遮阳形式的使用率位居首位，挡板遮阳稍次之，而综合遮阳和垂直遮阳的使用率明显低于水平遮阳和挡板遮阳。这是因为，在人们的观念里，水平遮阳都是最为优先考虑的遮阳形式，尤其是在建筑设计中，设计师一般优先、重点考虑南向房间遮阳，而南向房间最为适宜的遮阳形式即为水平

图 2-11 山青院图书馆组合遮阳

图 2-12 山青院教学楼水平遮阳

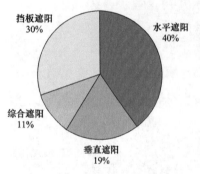
图 2-13 遮阳形式统计结果 2

遮阳；挡板遮阳主要有室内窗帘遮阳、卷帘遮阳等，该类遮阳产品类型丰富，经济性好，易安装维修，因此在建筑遮阳设计中也得到了广泛使用；而人们对综合遮阳和垂直遮阳的认知较为匮乏，因此导致两者使用率较低。

同时，在调研过程中发现，采用水平遮阳、垂直遮阳、综合遮阳、挡板遮阳的建筑存在与建筑整合程度不高的问题，且由于维护措施的缺失，有些年久失修的遮阳措施形同虚设。而在遮阳与建筑的"一体化"设计方面，水平遮阳和垂直遮阳形式与建筑的"一体化"程度较低，水平遮阳和垂直遮阳材料一般不做色彩、质感的二次设计与处理，且采用简单的长方体造型，突兀地安装在建筑窗口之上，不利于塑造建筑的整体形象。但是，在一些老旧的房屋窗口安装色彩朴素的遮阳篷，则会增强与建筑外观的融合程度，如图 2-14 所示。挡板遮阳覆盖面积较大，且多为产品遮阳，色彩丰富，与建筑遮阳位置结合度较高，因此，挡板遮阳能够较好地表达遮阳与建筑"一体化"设计的程度，如图 2-15 所示。综合遮阳较多出现在公共建筑设计当中，在连续的遮阳部位使用综合遮阳能够将遮阳形体的水平向、垂直向进行连通，为建筑塑造有序的线条交错感，一般遮阳与建筑的"一体化"完成程度较高，如图 2-16 所示。

图 2-14 文东花园小区
居民楼遮阳篷

图 2-15 三箭住宅楼窗帘
挡板式遮阳

图 2-16 船歌鱼饭店南立面
综合遮阳

2.1.4　按建筑朝向

为了探索在遮阳与建筑一体化的实际应用当中，建筑各个朝向遮阳措施的使用率，针对建筑的四个朝向的建筑遮阳现状展开调研。需要指出的是，因为一栋建筑可能存在多个朝向的遮阳，所以四个朝向遮阳措施的占比之和超出了100％。详细的调研数据整理如图 2-17 所示，东、西、南、北四个建筑朝向采用遮阳措施的建筑占比分别为5％、11％、84％、65％。其中南向遮阳使用率最高，北向遮阳使用率次之，东向与西向使用率偏低。这是因为一方面，南向房间的使用功能通常较为重要，因此会优先考虑南向房间的窗口遮阳措施；另一方面，绝大多数的遮阳措施是出于建筑立面美学效果的考虑，而并不是优先考虑遮阳的节能效果而建，因此忽略掉了其他建筑朝向采取遮阳措施的必要性。这也从侧面说明了遮阳与建筑一体化设计的普及度应该继续加强。

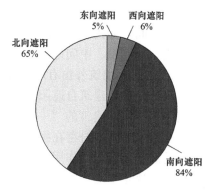

图 2-17　建筑朝向统计结果

在调研过程中发现，如果建筑采取了多个朝向的遮阳措施，那么该建筑的遮阳形式一般是经过了精心的推敲设计，在遮阳与建筑的"一体化"设计方面一般表现较为突出。以格林豪泰快捷酒店的遮阳设计为例，从南立面上看过去只有简单的水平遮阳形式，如图 2-18（a）所示。为了延续这种秩序感，设计师在西立面右侧方位采用了同样的水平遮阳形式，在左侧方位则设置了竖向遮阳板，以确保塑造的建筑形象是丰富多彩的，如图 2-18（b）所示。

(a)　　　　　　　　　　　　　　(b)

图 2-18　格林豪泰快捷酒店遮阳设计

2.1.5　按遮阳材料

从遮阳构件所用的材料角度，对砖石混凝土、织物、塑料、金属、木材五类建筑遮阳展开调研。值得说明的是，虽然玻璃遮阳也属于常见的遮阳材料，但是由于玻璃遮阳形式主要取决于玻璃的类型，不便进行调查提取，而且玻璃遮阳形式也较为少见，所以将玻璃类型排除在此数据统计之外，详细的调研数据整理如图 2-19 所示。经统计可知，采用织物、金属、木材、砖石混凝土、塑料作为遮阳的主体材料的建筑占比分别是 36％、23％、18％、16％、7％。其中，织物的使用率最高。织物遮阳主要应用在窗帘、篷布、软卷帘等遮阳形式上，一般情况下，篷布外遮阳在"一体化"设计方面常常表现出与建筑外墙材料、质感、色彩，以及形体不符的感觉，而软卷帘和窗帘遮阳形式则能够帮助塑造和谐的室内视觉空间，如图 2-20 所示；金属、木材两类材料一般以板式和百叶叶片的形式存在，在内遮阳、外遮阳、中间遮阳方面都有广泛的应用，以建筑的"一体化"结合程度较高，如图 2-21 所示；建筑外窗有时采用砖石混凝土材料进行简单的出挑设计，或者直接将窗口向室内凹陷形成建筑自遮阳，进而形成与建筑外墙较为相似的材料质感，一般能够简单直接地表现遮阳与建筑的"一体化"设计概念，如图 2-22 所示；至于塑料 8％的低使用率，这是由于塑料本身存在耐久性、耐候性较差等明显缺点，在自然环境中大气、阳光以及持续荷载或某些物质作用下会逐渐发生老化、变形、性能损坏，导致其本身在遮阳材料的使用占比逐年下降。

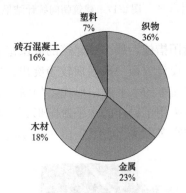

图 2-19　遮阳材料统计结果

图 2-20　省农村信用社合作社大楼

图 2-21　山东省平安银行大楼

图 2-22　中建文化城 7 号住宅楼

　　色彩具有暖色、冷色、温色之分，暖色包括红色、橙色、黄色；冷色包括青色、蓝色；温色包括紫色和绿色、黑色、灰色、白色。在遮阳与建筑一体化设计中，遮阳材料采用不同的色彩能够带来不同的视觉感受。因此针对采用不同色彩的遮阳部件的建筑占比展开调研，统计结果如图 2-23 所示。经统计可知，采用暖色调、冷色调、温色调的遮阳部件的建筑占比分别为 21％、15％、67％，其中，温色调的遮阳部件使用率最高，超出了占比的一半，而在暖色调和冷色调之间人们更倾向于选择暖色调作为遮阳材料的主色调。究其原因，黑色的遮阳部件使人感到静谧、庄重，白色的遮阳部件使人感到纯洁、轻盈，这在遮阳与建筑"一体化"设计中比较容易创造出适宜的视觉感受。而灰色是铝、锌、钢等金属的主要颜色，该类金属不仅可以用做遮阳板，也可用于遮阳部件的支撑骨架与连接构件，如图 2-24 所示，因此大大提高了灰色调遮阳部件的使用率。在"一体化"设计方面，暖色调的遮阳部件常常用于塑造建筑温暖、活泼、热烈的立面形象，如图 2-25 所示；而冷色调的遮阳部件可以帮助建筑呈现内敛、沉稳之感，如图 2-26 所示。

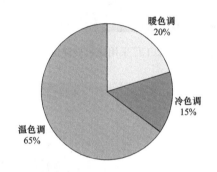

图 2-23 色彩表达统计结果

图 2-24 润生办公楼灰色调遮阳

图 2-25 宽厚里某咖啡馆
暖色调遮阳

图 2-26 七匹狼男装服饰店
冷色调遮阳

考虑到遮阳材料经过不同的技术处理材料的外表面粗糙度也不尽相同，因此按照遮阳部件的材料外表面不同的粗糙程度将其划分为光洁、亚光、粗糙三大质感类型展开调研。在调研过程中，光洁质感的遮阳类型常见的有玻璃遮阳、镜面不锈钢遮阳、抛光铜板遮阳等，亚光质感的遮阳类型常见的有磨砂玻璃遮阳、织物遮阳、薄膜遮阳以及低光泽的漆涂木材遮阳等，粗糙质感的遮阳类型常见的有耐候钢板遮阳、拉毛混凝土遮阳、铁锈板遮阳、斧凿石板遮阳等。采用各个质感遮阳部件的建筑占比统计结果如图 2-27 所示。可以发现，采用亚光和粗糙质感遮阳部件的建筑占比分别为 41％、37％，远远高于占比仅为 22％ 的采用光洁质感遮阳部件的建筑。这是因为玻璃作为光洁质感的主要遮阳材料，应用尚不广泛。因此，应该加大对各种节能玻璃的技术原理和遮阳效果的宣传普及力度，以提高玻璃遮阳的使用率。在

"一体化"设计方面，光洁表面的遮阳部件常常用于塑造建筑干净简洁的外观形象，如图 2-28 所示；哑光表面的遮阳部件则有助于建筑呈现亲切和蔼之感，如图 2-29 所示；而粗糙表面的遮阳部件往往能够营造出大气庄重的氛围，如图 2-30 所示。

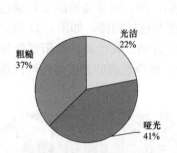

图 2-27　质感表达统计结果

图 2-28　某工厂采用镀膜玻璃的采光顶

图 2-29　木质百叶遮阳帘

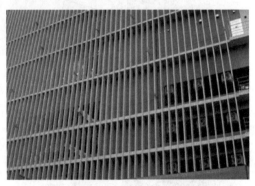

图 2-30　拉毛混凝土百叶板遮阳

2.1.6　按遮阳产品

将遮阳产品分为遮阳卷帘、遮阳篷、遮阳百叶、玻璃自遮阳四类形式，并分别展开调研，得出结果如图 2-31 所示。可以发现，采用遮阳卷帘、遮阳篷、遮阳百叶、玻璃自遮阳的建筑占比分别为 19%、38%、11%、32%。首先，遮阳篷的使用率最高，尤其是居住建筑使用较多，但是多数使用简易遮阳篷（图 2-32），其遮阳效果较差，改善室内热环境的能力较低。目前常见的遮阳篷可由用户自行定做，其遮阳产品的安全性和耐久性也较差。调研发现该类遮阳产品经过长期使用后，遮阳构件发生脱落现象较多，容易对建筑旁的行人造成安全隐患。其次，玻璃自遮阳的使用率仅次于遮阳篷，这归功于其采用的 Low-E 玻璃等的良好遮阳效果，并且安装方便、造价较低。相对的，由于造价稍高，并且对建筑外观影响较大，因此，遮阳卷帘使用率不高。如图 2-33 所示，人们更偏向于使用室内窗帘来进行遮阳。最后，遮阳百叶的使用率最低，究其原因发现，遮阳百叶在居住

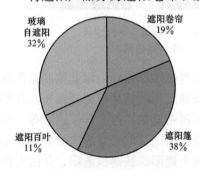

图 2-31　遮阳产品统计结果

建筑中较少采纳，在近些年新建的公共建筑中才开始逐步使用。遮阳百叶能够帮助建筑立面塑造有特色的外观形象，一般在建筑设计阶段完成，具有造价高、遮阳效果好等特点。

图 2-32　嘉欣住宅遮阳篷　　　　　　图 2-33　山东省建科院铝合金卷帘窗

2.2　建筑遮阳典型案例测试分析

2.2.1　典型案例概况

山东交通学院位于天桥区无影山路段，学院图书馆于 2003 年建成投入使用，获得了第二届全国绿色建筑创新奖及二星级绿色建筑运营认证。山东交通学院图书馆采用框架结构，建筑造型简洁新颖，稳重且富有现代气息，符合大学校园的建筑风格，如图 2-34 所示，总建筑面积为 1.5 万 m^2，地下一层地上 5 层，其北侧为水池，东侧为空地，西侧为读者主入口，南侧为校内绿化，如图 2-35 所示，设计理念立足于本地自然条件特点、因地制宜、简单适用、高效经济为原则，采用了普通低适技术，是以低成本和低造价设计建造而成的绿色建筑。

 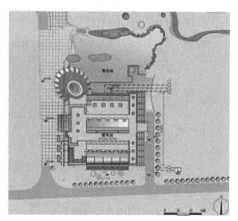

图 2-34　山东交通学院图书馆全景　　　图 2-35　山东交通学院图书馆总平面图

山东交通学院图书馆的平面形式较规则，东西长 61.2m，南北长 55.3m，形体平整、简洁。平面布置上，图书馆在平面中部设置采光中庭，可以提高阅览室采光并加强了图书馆的自然通风效果。一层南侧为阳光厅，为全玻璃幕墙结构，其作为图书馆休息室，并兼作南向的缓冲空间，图书馆办公区在一层东侧区域，各层阅览区围绕中庭设置于图书馆各朝向。

在三层至五层东向阅览室外侧采用了退台式绿化遮阳，如图 2-36（a）所示，南向的阳光间顶部采用内遮阳卷帘，阳光厅的玻璃幕墙外采用水平铝合金格栅遮阳板，如图 2-36（b）所示。西向采用混凝土防晒墙，如图 2-36（c）所示，在图书馆屋顶与各层的退台及平台采用屋顶遮阳和绿化遮阳，如图 2-36（d）所示。此图书馆的遮阳设计依据济南市的地域及气候特点，在不同朝向设置不同的遮阳形式，取得了良好的遮阳效果。

(a) 东向退台绿化遮阳　　　　(b) 南向阳光厅　　　　(c) 西向防晒墙　　　　(d) 屋顶绿化

图 2-36　山东交通学院图书馆

2.2.2　交通学院图书馆室内自然采光环境测试

（1）测试仪器。选择山东交通学院图书馆作为济南市应用外遮阳的典型建筑，通过对此建筑内应用遮阳的主要功能房间进行各项物理环境指标测试，分析图书馆主要功能房间的物理环境舒适度，得出设置外遮阳后室内的物理环境数据，从而了解外遮阳对室内环境的影响。测试内容主要包括室内温度、湿度、光照度、风速等，室内温湿度采用 Testo 175 温湿度电子记录仪 [图 2-37（a）] 测试记录；室内光照度采用 LX1330B 数字式照度计 [图 2-37（c）] 测试记录；室内风速采用 AR866 热敏式风速风量计 [图 2-37（b）] 测试记录。

(a) Testo175温湿度电子记录仪　　　(b) AR866热敏式风速风量计　　　(c) LX1330B照度计

图 2-37　物理环境测试仪器

　　自然光照度测试选择室内的工作平面进行测试，选择阳光厅桌面、中庭桌面、2 层南向阅览室桌面、4 层南向阅览室桌面（图 2-38）进行测试。测试时间为 2014 年 7 月 24 日—2014 年 7 月 25 日两天中进行，其中 24 日为晴天，25 日为多云天。

(a) 阳光厅　　　　　　　　　(b) 中庭　　　　　　　　　(c) 南向阅览室

图 2-38　图书馆内照度测点

（2）测试方法：

　　① 测试房间及测点。从上午 9 时开始至下午 5 时，依次对馆内阳光厅桌面、中庭桌面、南向阅览室桌面同一位置进行采光测试，应用 LX1330B 照度计记录工作平面的光照度数值。根据数值整理得表 2-2。

表 2-2　　　　　　　　　　　　　图书馆光环境照度测试数据

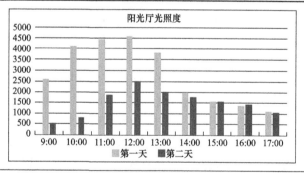

阳光厅光照度

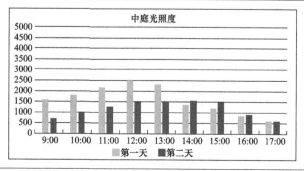

中庭光照度

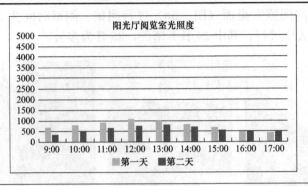

2 层南侧阅览室光照度

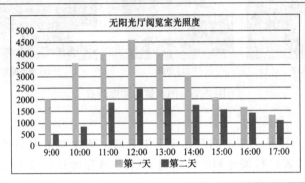

4 层南侧阅览室光照度

② 测试数据分析。根据数值变化分析可得：南向阳光间外墙为玻璃幕墙，虽采用了水平外遮阳板和室内遮阳卷帘，但是其在晴天时光照度数值维持在较高水平且变化波动较大，而在多云天时光照度持续较低并且较均匀。在夏季晴天时，阳光经玻璃幕墙直射入室内造成工作平面照度过高、产生局部眩光等问题。

根据南向阅览室的不同外部形式，2 层的南向阅览室窗外为南向阳光厅，4 层南向阅览室窗外为室外，选择了这两个阅览室作为照度测试房间。照度测点分别为 2 层阅览室、4 层阅览室靠窗的书桌，晴天时，2 层阅览室书桌的光照度数值持续较小，适宜学生阅读。但在多云天时，17：00 的光照度下降到 3001x 以下，不能满足学生的阅读要求，需要开灯进行辅助照明。4 层阅览室的光照度数值相比 2 层有大幅增加，根据测试数据，在 9：00—14：00 光照度过强，阅览室内光环境舒适度较差，在工作面会出现眩光，用户会拉上窗帘以阻挡强烈光线射入。

以上阅览室采光环境的产生原因在于两间阅览室的遮阳构造不同，2 层阅览室由于有南向阳光厅遮挡阳光 [图 2-39 (a)]，日常学习时段具有较适宜的光环境。4 层阅览室的窗外为室外环境，虽具有水平遮阳和植物遮阳 [图 2-39 (b)]，但是并没有完全阻挡夏季阳光直射到工作平面，致使四层阅览夏季室内光环境照度过高，舒适度较差。

图书馆中庭主要靠天窗采光，由于无阳光直射，其照度的数值较为均匀且较适宜，用户在工作时间，不需要辅助照明即可得到良好的阅读光环境，综合对比图书馆的光环境条件，得出室内照度情况，根据照度数值大小依次为 4 层阅览室、中庭、2 层阅览室。

(a) 太暗　　　　　　　　　　　　　　(b) 眩光

图 2-39　阅览室

2.2.3　交通学院图书馆室内自然通风环境测试

（1）测试房间及测点。室内风环境测试选择在馆内 1 层中庭工作平面及一层南侧窗口、2 层阅览室工作平面及南侧窗口、4 层阅览室工作平面及南侧窗口等室内的主要工作平面和窗口进行（图 2-40），测试风速及气流温度，测试时间为 7 月 25 日。

(a) 中庭工作平面测点　　　　　(b) 阅览室工作平面测点　　　　　(c) 4层窗口测点

图 2-40　馆内风速测点

应用 AR866 热敏式风速风量计测试并记录工作平面及窗口的风速及气流温度数值。根据数值整理得表 2-3。

表 2-3　　　　　　　　　　　　　　　图书馆风环境测试数据

工作平面	窗口处		近窗口工作平面	
	平均风速	空气温度	平均风速	空气温度
1 层中庭	0.4m/s	25.9℃	0.3m/s	25.6℃
2 层阅览室	0.4m/s	24.9℃	0.2m/s	24.1℃
4 层阅览室	0.8m/s	27.9℃	0.3m/s	27.1℃

（2）数据分析。根据风速测试数值，可以得出三个功能房间的室内风速数值都基本满足室内风环境要求，1层中庭和2层阅览室的外窗通向南侧阳光厅，导致窗口风速较小，但是中庭工作平面有天窗拔风，使中庭的室内风速优于2层阅览室；4层阅览室的外窗通向室外，窗口处的风速比另两个房间高，使4层阅览室得到更好的风环境。

2.2.4　交通学院图书馆室内热环境测试

（1）测试房间及测点。室内热环境测试选择在阳光厅桌面、中庭桌面、2层南向阅览室桌面（图2-41）等室内的主要工作平面进行，分别记录三个区域的温度湿度数值来进行比较。测试时间为2014年7月24日和2014年7月25日。

(a) 阳光厅温湿度测点　　　　　(b) 采光中庭温湿度测点　　　　　(c) 阅览室温湿度测点

图2-41　温湿度测点位置

将TEST0175—H2电子温湿度记录仪布置在各测试房间内，从上午9时开始至下午5时，将Testo175—H2电子温湿记录仪布置在离地1.5m处，避免阳光直接照射。应用电子记录仪自动记录室内温度湿度数据，整理数据得表2-4。

（2）数据分析。根据数值变化分析可得：阳光厅的温度持续较高，在9时开始明显上升，直到14时达到峰值30℃后开始下降。相对湿度维持在较高水平，其最高值在第一天的8时，相对湿度为89％。中庭温度相比于阳光厅较低，在第一天14时达到最高值27.7℃，中庭相对湿度最高值为83％，2层阅览室温度相对于阳光厅和中庭都低，在第二天16时达到最高值26.7℃，阅览室相对湿度最高值为76％。

表2-4　　　　　　　　　　　　　　图书馆温湿度测试数据

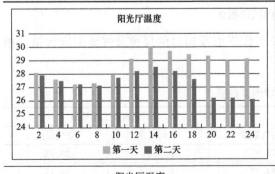
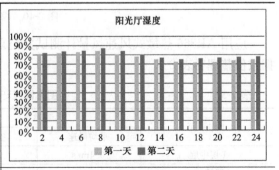

24

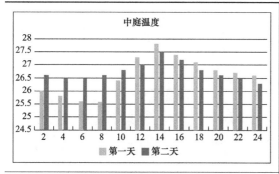

中庭温度

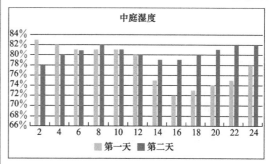

中庭湿度

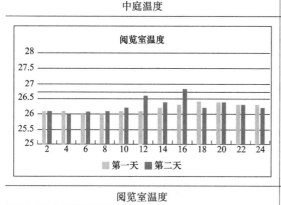

阅览室温度

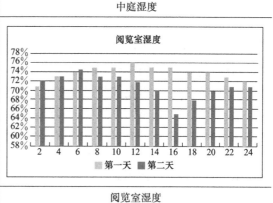

阅览室湿度

根据温湿度测试数值分析，因为阳光厅采用玻璃幕墙造成温室效应，使其室内温度上升。而阳光厅内不通风，很难散热；阳光厅玻璃幕墙的外侧有三片水平遮阳板，但是其竖向间距较大，水平遮阳板外挑长度不够，无法有效地遮挡夏季阳光射入室内。而阅览室的温湿度与中庭相似，均比南向阳光厅低，阅览室南侧的阳光厅将阅览室和和室外空间隔开，避免了阳光的直接照射；西侧的防晒墙阻挡下午的阳光直射，避免由于西晒而导致阅览室内温度上升；阅览室东侧的绿化退台也能有效地遮挡上午的阳光。由测试分析可知，阳光厅由于外遮阳措施不够充足，很难得到适宜的室内热环境，而 2 层阅览室由于多项外遮阳的综合运用，可以得到良好的室内光环境、风环境、热环境。

2.2.5　交通学院图书馆测试结果分析

根据对图书馆室内物理环境的测试结果，对图书馆的外遮阳技术应用进行分析，整体测试结果表明，图书馆大多数室内空间都拥有较适宜的物理环境，可以基本满足学生需求，但同时也存在个别房间室内舒适性较差的问题：

（1）通过对图书馆室内自然采光的测试数据，说明图书馆的自然采光环境总体较为优异，但也存在问题。图书馆一至三层南向阅览室室内照度适宜，四层五层阅览室在某些时间段出现照度过高的现象，如四层图书馆在 10 时—14 时照度已超过 3500lx，这说明应用外遮阳不当，会造成了室内光环境较差的状况，影响学生的正常使用［图 2-42（a）］。建筑防晒墙的设置对改善西侧阅览室的采光具有重要作用，建筑防晒墙高度仅到建筑第四层，致使有防西晒墙遮阳的西侧阅览室照度适宜［图 2-42（b）］，而在午后顶层无防西晒墙的阅览室照度过强，学生常采用在窗户玻璃上粘贴报纸的方式减少光线射入 [图 2-42（c）]。

(a) 4层阅览室光照度过高　　　　　(b) 有防晒墙光照度适宜　　　　　(c) 无防晒墙光照度过强

图 2-42　阅览室光环境

（2）针对图书馆室内风环境，此图书馆综合应用了多项通风技术，可以满足室内通风需求，测试各房间的室内工作平面风速均小于 0.2m/s，室内的风环境较为舒适，不仅风速适宜，室内空气经过二氧化碳测量仪测定，新风和换气量均可达标，空气质量也较好。

（3）针对图书馆室内热环境，阅览室综合采用的防晒墙、水平式遮阳、退台绿化、间隔阳光厅等遮阳技术，能有效减少热量进入室内，可以保持阅览室适宜的温湿度。夏季南向阳光厅的热舒适度较差，测试当天持续在 29℃ 以上。阳光厅的幕墙采用了多层水平遮阳板，但是遮阳效果较差，致使阳光厅内夏季温度持续较高，舒适度较差。

（4）图书馆阅览室是学生长期使用的地点，馆内的物理环境会对用户产生较大的影响，根据图书馆的物理环境测试数据说明，图书馆的阅览室拥有适宜光环境、风环境、热环境，可以基本满足学生需求。

基于对建筑遮阳的不同形式及不同材料进行调研分析，并实地调研了遮阳在不同地域的应用情况。尤其是部分夏季炎热的城市，对遮阳有较高需求，但未引起足够的重视。针对遮阳应用现状及存在的问题，应结合不同地区地域特点研究如何合理设计遮阳，以期促进建筑遮阳一体化设计的应用。

第 3 章　遮阳与建筑的相关性

遮阳构件是建筑形体重要的组成部分。不仅对建筑的室内光环境、热环境和风环境有直接的影响，而且也因其在建筑体块中所处的重要位置而成为建筑造型创作中的关键要素。

作为重要的绿色节能技术，建筑遮阳针对不同气候环境和光照条件，对入射光线的遮挡和导引作用可以有效调节室内光照度分布、减少眩光干扰，并阻挡过多紫外线和辐射热的进入，从而降低室内能耗。同时，通过对遮阳板位置、形式、组合方式等与建筑的一体化设计，使遮阳构件更好地融入整体建筑风格，创造技术与艺术完美结合的建筑统一体，满足人们生理和心理的双重需求。

3.1　气候与遮阳必要性

气候是指地球上某一地区多年来大气环境状况的综合表现，是纬度、地形地势、大气环流、海陆位置、洋流等因素常年综合作用的结果。各个地区通常以不同时间段内相异的冷暖变化、晴雨交替以及昼夜长短的更迭等为主要气候表现特征。总体来看，气候具有稳定性，而针对不同地区，气候变化又是有规律可循的。

气温、降水、风力风向等是主要的气候表征要素，各种要素相互关联、共同作用，形成不同的区域环境，也对生存于环境中的人类社会带来直接影响。而太阳辐射又是一切气候要素的动力源泉，是最主要的影响因素。因此，不同气候区的气候特征与太阳辐射有着十分密切的关联性。太阳辐射得热是影响建筑室内热环境的主要因素，也是建筑设计的重要考虑要素。

太阳辐射主要通过两种途径来影响建筑室内热环境，一是通过门窗等采光口直接入射进室内；二是先被建筑外表面吸收，而其中一部分热量再经由围护结构传入室内。相比较于围护结构对于太阳辐射热的一定阻滞作用，通过门窗等直接进入的太阳辐射对室内环境有着更为直接的影响。而建筑遮阳的目的是阻止直射太阳光进入室内，并减少因过多的太阳辐射得热而引起的室温变化。特别是对于我国这样一个幅员辽阔、气候类型复杂的国家来说，采用适应于不同气候特征的建筑遮阳方式有利于调节进入室内的直射阳光量，控制太阳辐射得热，以取得更为舒适的室内热环境，进而减少建筑能耗。同时，合理控制进入室内的太阳直射光数量、角度及其分布规律，在保证足够的自然照明的同时减少由于太阳辐射对室内温度造成的不利影响，避免眩光，以创造舒适的室内光环境，有利于人体视觉功效的高效发挥和生理机能的正常运行，给人们愉悦的心理感受。

据相关研究数据表明，常以气温 29℃ 和日辐射强度 280W/m² 为需要设计遮阳的参考气象数值。根据《民用建筑热工设计规范》（GB 50176—2016），我国建筑热工设计区划分为两级，一级区包括严寒地区、寒冷地区、夏热冬冷地区、夏热冬暖地区和温和地区，具体内容见表 3-1。

表 3-1 　　　　　　　　　　　　　建筑热工设计一级区划指标及设计原则

一级区划名称	区划指标		设计原则
	主要指标	辅助指标	
严寒地区	$t_{min \cdot m} \leqslant -10℃$	$145 \leqslant d_{\leqslant 5}$	必须充分满足冬季保温要求，一般可以不考虑夏季防热
寒冷地区	$-10℃ < t_{min \cdot m} \leqslant 0℃$	$90 \leqslant d_{\leqslant 5} < 145$	应满足冬季保温要求，部分地区兼顾夏季防热
夏热冬冷地区	$0℃ < t_{min \cdot m} \leqslant 10℃$ $25℃ < t_{max \cdot m} \leqslant 30℃$	$0 \leqslant d_{\leqslant 5} < 90$ $40 \leqslant d_{\geqslant 25} < 110$	必须满足夏季防热要求，适当兼顾冬季保温
夏热冬暖地区	$10℃ < t_{min \cdot m}$ $25℃ < t_{max \cdot m} \leqslant 29℃$	$100 \leqslant d_{\geqslant 25} < 200$	必须充分满足夏季防热要求，一般可以不考虑冬季保温
温和地区	$0℃ < t_{min \cdot m} \leqslant 13℃$ $18℃ < t_{max \cdot m} \leqslant 25℃$	$0 \leqslant d_{\leqslant 5} < 90$	部分地区应考虑冬季保温，一般可以不考虑夏季防热

　　注　$t_{min \cdot m}$ 为最冷月平均温度，$t_{max \cdot m}$ 为最热月平均温度，$d_{\leqslant 5}$ 日平均温度小于或等于 5℃ 的天数，$d_{\geqslant 25}$ 日平均温度大于或等于 25℃ 的天数。

　　夏热冬暖地区包括福建南部、广东广西大部、海南、台湾全境、以及云南西南部和元江河谷地区等区域。该区域主要位于热带季风气候区和南亚热带季风气候区，终年高温，雨量丰沛，气温年较差和日较差均小；多热带风暴和台风袭击，易有大风暴雨天气；太阳高度角大，太阳辐射强烈。根据《公共建筑节能设计标准》（GB 50189—2015）中相关规定，夏热冬暖地区的建筑各朝向外窗应采取遮阳措施，且设置遮阳时应符合以下规定：东西向外窗宜设置活动遮阳，南向较宜设置水平遮阳，同时建筑外遮阳装置应兼顾通风及冬季日照。

　　夏热冬冷地区包括重庆、上海两个直辖市；湖北、湖南、安徽、浙江、江西 5 省全部；四川、贵州两省东半部；江苏、河南 2 省南半部；福建省北半部等。该区域主要位于中亚热带气候区，夏季高温多雨，冬季温和少雨，最热月平均温度 25～30℃，平均相对湿度 80% 左右，夏季炎热，在遮阳设计中应注意遮挡夏季的太阳辐射。

　　部分寒冷及严寒地区如山东地区、西藏地区，冬季寒冷，但夏季太阳辐射强度较大，进行遮阳设计时应当兼顾夏季和冬季对太阳辐射的不同要求。根据该城市的气候数据，分析有遮阳需求的月份，抵挡夏季的太阳辐射，同时保证冬季进入室内的太阳辐射量。

　　天津大学的周涵宇等以我国寒冷地区和夏热冬暖地区酒店建筑典型遮阳为研究对象，采用 COMFEN 软件对不同气候区下的 3 种遮阳形式和十种控制策略对能耗及室内舒适度的影响规律进行模拟量化，结果表明，不同控制策略对建筑能耗的影响，寒冷地区相差 18.8%，夏热冬暖地区相差 5.1%；对热舒适度的影响，寒冷地区相差 1.48%，夏热冬暖地区相差 0.25%；对光舒适度的影响，寒冷地区相差 39.13%，夏热冬暖地区相差 45.57%。不同控制策略对光舒适度的影响最大，其次是能耗，由于模拟对象为空调建筑，对热舒适度影响最小。并且寒冷地区和夏热冬暖地区不同控制策略的热舒适度变化规律呈相反趋势，夏热冬暖地区的整体热舒适度更高；2 个气候区不同控制策略光舒适度的变化规律一致，寒冷地区的整体光舒适度更高。

　　由此可见，气候特征与遮阳效果具有紧密关联性。不同气候特征影响下的遮阳形式和控制策略的作用效果相差明显。因此，必须针对特定地区的典型气候特征来选择与之相适应的遮阳措施，才能达到预期的遮阳效果。

3.2　遮阳设计基本原则

3.2.1　系统性

外遮阳与建筑立面一体化设计有两个重要的特点，一是外部遮阳设计的影响因素很多，各个因素密切相关；二是一体化设计的过程是一个动态变化和不断深化的过程。遮阳设计时不仅应考虑遮阳构件对太阳辐射的遮挡作用，还应兼顾其对采光、通风、视觉以及造型等因素的影响，提高建筑的整体性能。

另外，遮阳设计的过程不是一蹴而就的，而是循序渐进的。在遮阳设计时首先要根据建筑的具体情况选择合适的遮阳方式，其次应通过实验或模拟验证对遮阳进行优化，遮阳设计完成后，应对具体的遮阳效果进行评估。

3.2.2　功能性

在遮阳与建筑一体化设计当中，功能性是遮阳系统的基本特征。遮阳系统的功能性设计需要考虑当地的气象条件、室内物理环境的需求等影响因素。首先，遮阳系统的功能性设计需要考虑当地的气象条件，在不同的气象条件下，遮阳设计的要求也不同。例如，在济南地区采取的遮阳措施不仅要在夏天起到遮阳效果，到了冬季也要注意不能影响建筑室内采光。其次，遮阳设计的终极目的是为了改善室内环境，因而设计者需要深入考虑建筑使用者对室内热、光、声三项物理环境的要求。在热环境方面，遮阳部件要保证自身以及安装遮阳构件后的围护结构整体的合理的热工参数；在光环境方面，遮阳设计需要改善室内的照度均匀性及天然光的方向性，在一些特殊功能的空间，如办公空间或教学空间，对空间的采光要求较高，需要注意遮阳对光线的遮挡。在声环境方面，可利用可调节外遮阳及其与窗之间形成的空气间层来增加窗体的隔声量。只有遮阳系统具有合理的功能，才能保证遮阳系统的节能效果，同时促进诸如保温、调光、控光、防噪、防盗、观景等功能的实现。虽然在具体项目的实施中，不可能面面俱到，但在设计建筑遮阳时应探索最佳的设计方式。比如江苏省在现行的遮阳强制推广中，开发商在居住小区中使用遮阳卷帘，并强调其防噪、防盗等多功能的集成化。设计百叶遮阳，将叶片设计为折线形，可起到导光板的作用。

3.2.3　舒适性

（1）视觉舒适。遮阳设计是对建筑中的使用者进行的设计，因此在设计中除了起到遮阳作用外，还应当注意对室内的其他因素的影响。遮阳设计时应注意室内视线的通透性，保证使用者有良好的视野，同时，应注意遮阳的材料和布置方式，避免造成眩光。

（2）室内热舒适。在遮阳方式的选择上应当注意对室内隔热的影响，如采用外遮阳比内遮阳的隔热效果要好。在设计中还应注意遮阳对室内通风的影响，避免遮阳板排布过密或与风向垂直而对室内通风产生不良效果。

3.2.4　艺术性

外遮阳依附于建筑外表面之上，是表现建筑立面美学效果最重要的方式之一。建筑遮阳设计服务于建筑主体，不能因设计建筑遮阳，强调其节能性而忽略其美观性。建筑遮阳设计应符合建筑美学要求和自身特征，达到功能性、装饰性与合理的细部设计。通过色彩、材质、构图等不同处理手法形成一定节奏感和韵律感，从视觉上使建筑物产生动静结合的节奏感，让观者感受韵律美；通过遮阳构件在立面上形成凹凸感，材料形成的对比，体现了建筑的虚实美；通过阳光的照射形成光影的变化，成为一种建筑装饰元素，烘托建筑氛围，让人感受到建筑生动变化的光影美。

外遮阳设计作为整合设计的重要组成部分，其艺术性设计不能简单地理解为形式上的加工，也就是说它不是建筑设计完成之后的附加产物，而是贯穿于整个建筑设计中，需要在功能使用关系和生产技术规律中去探索空间组织形式、结构构造方式、建筑材料运用等方面的一系列的美学法则。因此技术性和艺术性的融合、渗透、统一是整合设计艺术性原则的主要特点，也是评判其美观的重要条件之一。

3.2.5　安全性

遮阳设计时除了考虑遮阳对视觉、物理等因素的影响外，还应注意遮阳构件自身的性能。由于遮阳构件一般位于建筑物外部，受外部环境的影响较大，在遮阳构件材料的选择上，应选择耐腐蚀、耐老化的材料，避免外界的风雨侵蚀破坏和太阳辐射老化。应用于多高层建筑时，还应注重建筑遮阳的感光、感风特性避免受环境影响产生损坏。另外，遮阳材料应选择无毒、无味的材料，避免对使用者的身体健康造成损害。其次，在构件与建筑的连接上，应保证遮阳构件足够牢固，能够承受雪荷载和风荷载。

3.3　遮阳与建筑节能

近些年，随着能源危机和环境污染等问题的日益严峻，节能减排和可持续发展理念深入人心。建筑能耗在社会总能耗中占据的比重较大。目前，我国的建筑能耗已占到社会总能耗的约 46%，建筑碳排放约占社会总量的 50%。因此，建筑节能减排也成为建筑及相关从业人员必须重点考虑的关键环节。据有关统计，建筑外围护结构的传热损失大约占到建筑能耗的 70%～80%；通过外窗散失的能耗占建筑总能耗的 20%～45%，在寒冷及严寒地区，通过外窗传热所散失的热损失可占到建筑能耗的 25% 左右，通过门窗缝隙空气渗透而造成的热损失约占到建筑能耗的 22%～37%。因此，建筑门窗是建筑外围护结构节能的薄弱环节，门窗材料的保温隔热性能和门窗气密性是影响建筑能耗的重要因素。合理地设计和应用建筑遮阳技术，有助于提高外围护结构的热工性能、改善室内热环境，同时在降低建筑能耗和环境保护方面也具有积极的现实意义。

3.3.1　遮阳与制冷能耗

建筑的制冷能耗主要是夏季的空调负荷。投射在窗户上的太阳辐射热可以分为三个部分：一部分被反射到周围环境或物体上；一部分直接通过玻璃投射进入室内，该部分热量可以占到太阳辐射得热的 80%；还有一部分被玻璃和窗框等材料吸收。相关研究结果表明，外遮阳设施可以降低建筑表面 80% 的太阳直射得热，是比内遮阳更为有效的遮阳措施。正是由于对太阳辐射热的阻挡功能，降低了通过建筑围护结构进入室内的太阳辐射得热和相应的建筑空调负荷，降低了建筑夏季制冷能耗。

3.3.2 遮阳与采暖能耗

遮阳设计可以降低冬季通过窗户的热损失。当室内物体温度比室外高时，室内物体可以将自身热量以长波辐射的形式透过玻璃向室外释放，增加了建筑物的热损失，内遮阳可以将这部分热量反射回室内，阻止冬季室内热量以辐射的方式流失，保证建筑冬季室内温度的稳定，降低冬季采暖能耗。从另一方面看，若遮阳角度设置不合理，冬季遮阳构件的存在会阻止太阳辐射进入室内，建筑失去太阳辐射热会造成室内温度降低，增加建筑采暖能耗。因此，在遮阳设计时应注意对冬季太阳辐射的角度，保证太阳辐射能够进入室内。

3.3.3 遮阳与室内照明能耗

根据统计数据显示，照明能耗的用电比空气调节能耗要多，遮阳设施在阻挡太阳辐射的同时会对建筑采光有所遮挡，若室内照度太小，需依靠室内照明装置，会增加建筑能耗。因此，在遮阳设计时，应根据建筑的具体功能，保证室内的采光达到标准要求，避免照明带来过多的能量损失。

3.4 遮阳与建筑自然采光

太阳光取之不尽、用之不竭，是大自然给予人类无私的馈赠。而建筑自然采光都是直接或间接来自太阳光。自然光是获取客观事物信息的必要条件，并且与人的生理和心理健康也息息相关。自然光在建筑功能的实现和空间氛围的营造方面也起到重要的作用。著名建筑师路易斯·康（Louis·Kahn）曾说过："自然光给予空间特性。自然光给予建筑生命，因为建筑由光的环境照射而产生生命。"因此，在建筑设计中应重视自然采光，充分而高效地引入和利用自然光对创造舒适的室内环境具有重要的现实意义。

但不同功能空间对于自然光照的要求不同，过多的自然光照射会将大量的太阳辐射热带入室内，增加夏季空调制冷能耗，而当阳光呈高亮度直射时，往往容易产生不必要的直射眩光或反射眩光，降低室内光环境质量。然而在冬季或阴天等光照偏弱的情况下，遮阳又容易产生挡光而降低室内照度，从而使室内偏暗，不利于正常视觉工作，此时通常采用室内人工照明来作为补充，这无疑会增加照明能耗。因此，遮阳方式的选择必须对气候环境特征、建筑使用功能和遮阳产品的性质等进行综合考量，最大化发挥建筑遮阳对室内光环境的调节作用。

3.4.1 室内光环境的评价因素

1. 采光系数标准值

目前建筑采光设计依据《建筑采光设计标准》（GB 50033—2013）执行，其中规定的采光系数标准值和室内天然光照度标准值为参考平面上的平均值。各类建筑中的功能房间的采光系数和室内天然光照度需满足此标准要求，公共建筑的主要功能场所的采光标准值根据规范进行整理可得表 3-2。

表 3-2   公共建筑主要场所的采光标注值

建筑类型	场所名称	采光系数标准值（%）	室内天然光照度标准值（lx）	窗地面积比（A_c/A_d）
办公建筑	设计室、绘图室	4.0	600	1/4
	办公室、会议室	3.0	450	1/5
	复印室、档案室	2.0	300	1/6
教育建筑	专用教室、实验室	3.0	450	1/5
图书馆	阅览室、开架书库	3.0	450	1/5

2. 采光质量

（1）采光均匀度。视野内照度分布不均匀，易使人眼疲乏，视觉功效下降，影响工作效率。因此，要求房间内照度分布有一定的均匀度（工业建筑取距地面 1m，民用建筑取距地面 0.8m 的假定水平面上，即在假定工作面上的采光系数的最低值与平均值之比，也可认为是室内照度最低值与室内照度平均值之比），故标准提出顶部采光时，Ⅰ～Ⅳ级采光等级的采光均匀度不宜小于 0.7。侧面采光时，室内照度不可能做到均匀；以及顶部采光时，Ⅴ级视觉工作需要的开窗面积小，较难照顾均匀度，故对均匀度均未作规定。

（2）窗眩光。侧窗位置较低，对于工作视线处于水平的场所极易形成不舒适眩光，故应采取措施减小窗眩光：作业区应减少或避免直射阳光照射，不宜以明亮的窗口作为视看背景，可采用室内外遮挡措施降低窗亮度或减小对天空的视看立体角，宜将窗结构的内表面或窗周围的内墙面做成浅色饰面。

（3）光反射比。为了使室内各表面的亮度比较均匀，必须使室内各表面具有适当的反射比。例如，对于办公、图书馆、学校等建筑的房间，其室内各表面的反射比宜符合表 3-3 的规定。

表 3-3   室内各表面的反射比

表面名称	反射比
顶棚	0.6～0.9
墙面	0.3～0.8
地面	0.1～0.5
作业面	0.2～0.6

（4）照度。照度是入射光线射入某一点面元上的光通量除 W 该面元的面积之商。常用照度表示被光线照射面的光通量密度，该点的照度 E 为光通量 Φ 也分布在被照表面 A 上，则此被照面的照度为：$E=\Phi/A$。常用单位为勒克斯（lx），照度数值直接反映了物体所受的光线量，规范设计中往往将照度的数值作为被测光环境质量的重要指标。照度的数值与影响光环境的建筑窗口构造参数与室外光环境情况有关。

（5）照度均匀度。室内照度的空间分布需要有一定照度的均匀度，这是室内光环境的重点评价参数，室内采光的均匀度的计算公式如下：$Au=E_{min}/E_m$。其中 Au 为采光均匀度，E_{min} 为室内最低照度，E_m 为室内平均照度。室内采光的均匀度对室内工作具有一定的影响。

3. 光气候区

我国地域广大，各地天然光状况相差较大，我国根据光气候资源的不同分为五类光气候区，各光气候区应取不同的室外临界照度，照度值应按表 3-2，对不同的光气候区应规定不同的采光系数，所在地区的采光系数标准值需乘以相应地区的光气候系数 K 值（表 3-4）。

表 3-4   光 气 候 系 数 K 值

光气候区	Ⅰ	Ⅱ	Ⅲ	Ⅳ	Ⅴ
K 值	0.85	0.90	1.00	1.10	1.20
室外天然光设计照度值（lx）	18 000	16 500	15 000	13 500	12 000

3.4.2 遮阳对采光的作用

建筑遮阳对室内光环境具有重要的调节作用。首先，建筑遮阳可以有效地阻挡直射阳光进入室内，既有利于降低室内得热，又可以降低过高的室内照度水平，避免眩光直射工作面，并且促使室内照度分布更趋均匀，光线更加柔和，从而满足人们对照明质量的要求，减少日间的人工照明能耗，据有关统计，设置遮阳设施，一般室内照度可降低 20%～58%，其中水平和垂直遮阳板可使照度降低 20%～40%，综合遮阳可使照度降低 0～55%；其次，在阴天等光照条件欠佳时，通过对遮阳构件的建筑一体化设计，利用遮阳设施的材质、角度、组合关系等，调节光线进入室内的路径，使光线通过遮阳板和室内墙面等的反射作用，进入房间深处或直射光线难以到达之处，改善室内亮度分布，提高室内光照均匀度，这对于单侧采光且进深较大的房间尤为重要。

近年来，随着人们对天然光利用和室内光环境重视程度的提高，许多兼顾夏季防热和室内采光的新型外遮阳形式被不断提出。如在窗户的上部设置高反射率的反光板或遮阳系统，它们可以降低窗口位置的照度，并反射一部分光线进入室内深处，从而可以改善整个室内的亮度分布，增加室内光照均匀因遮阳设施对于室内的天然采光有很大的影响。因此结合天然采光合理进行遮阳设计有很强的必要性。

3.5 遮阳与建筑通风

通风是由于建筑室内外空间的压力差而造成的空气流动。适宜的自然通风是影响人体健康和室内环境舒适度的重要因素。首先，自然通风在排出室内污浊空气的同时引入室外新鲜空气，促进了室内空气的循环更新，有效保持室内空气质量。其次，自然通风引起的室内温湿度以及建筑内表面温度的变化也影响着人体的热舒适性感受，进而影响学习和工作状态甚至人体健康。下表是在有关风速测试中得到的作用于工作区的不同风速对学习和工作的影响情况。可从表 3-5 中看出，常温条件下室内风速的舒适区间是 0.25～2.0m/s，相应的，此时的学习和工作效率也会有所提高。当然，在不同的季节和气候条件下，风速的舒适区间会改变，例如在低纬度地区或者高温潮湿的夏季，较大的室内风速更有利于带走室内多余热量，并促进人体散热和汗液蒸发，以此保持人体热舒适性，而在高纬度地区或低温干燥的冬季，则需要将室内风速控制在较低水平，尽可能降低通风对室温和人体舒适性的影响。因此在不同气候条件下人们也对自然通风的效果提出了不同的要求。通过自然通风调节室内温湿度，也有助于减少空调和采暖能耗，降低对自然环境的破坏。而遮阳由于都是设置在气流进出室内的重要路径上，因此除了对建筑采光有影响外，还会影响建筑的室内通风，因此在遮阳设计时应当兼顾室内的通风设计。

表 3-5	室温下风速对学习工作的影响	m/s

风速	对学习和工作的影响
0~0.25	感觉不到风
0.25~1.0	舒适愉快
1.0~2.0	纸张被吹散
>2.0	风速偏大，不舒适，学习工作受影响

3.5.1 室内通风的评价因素

室内通风的评价因素有空气龄、换气次数、空气流速、空气流向等，本书主要通过空气流速、空气流向和空气龄进行评价室内风环境。

（1）空气流速和流向。空气流速和流向是评价室内风环境的重要指标，最大空气流速通常出现在建筑的进风口与出风口位置附近。采用风速分析外遮阳对室内通风的影响，可以通过室内的风速云图和矢量图评价室内风环境。通过室内风环境风速矢量图，可以看出遮阳构件对室内风流向的改变；通过室内风速云图，可以看出外遮阳构件对室内风速的改变；通过室内风速剖面矢量图，可以看出遮阳构件对此垂直面的风流向改变。

（2）空气龄。空气龄是空气在室内被测点的停留时间，也是新空气所取代旧空气的速度。空气龄越低，说明既有空气被新鲜空气取代的速度最快。空气龄较长说明此处通风不畅，旧有空气难进行换气，当空气龄越小时，说明室内的空气换气越快，因此，空气龄数值大小是评价室内空间换气效果的主要因素。

3.5.2 遮阳对自然通风的影响

遮阳和自然通风都是有效的节能技术，但两者之间却还存在着相互依存、相互影响的关系。由于建筑外遮阳的存在，会造成窗口流入或流出的气流受到阻挡或诱导，而导致室内自然通风出现不利或有利的变化。合理的遮阳设计可以引导进入室内的气流，带走室内污浊的空气，达到较好的通风换气效果；若遮阳方式设置不当，会阻挡室外气流进入室内或将气流引导到使用者主要活动空间之外，室内污浊空气无法排出，不能达到较好的通风换气效果。

门窗洞口是建筑自然通风的重要通路，内外遮阳设施的形状、位置和设置方式等会影响进入门窗洞口的气流的流速、流向以及密度分布等流动特征，进而直接影响室内外通风效果。

一方面，遮阳构件会改变建筑周围局部风压的分布状态，进而增加气流自洞口进入的阻力，降低室内气流速度，且影响风场的流向，特别是实体遮阳板会显著降低建筑表面的空气流速，影响建筑内部的自然通风效果。

另一方面，窗口遮阳构件会对自然通风起到一定的导向和调节作用。例如在高温的夏季，使气流在室内的流线与当地夏季主导风向一致，当在进风口处设置遮阳板时，可以改变此处周围的风压分布状况，并调节进风量。而进风口处遮阳板的不同位置和设置方式也会对进入的气流的流动路径造成显著影响，以此改变室内风场分布，达到利用自然通风散热降温的目的。

如图 3-1 所示，当窗口位于建筑的迎风面，紧靠外墙窗口上沿的遮阳板容易将进入的气流引导向上部室内空间，而不经过人体主要活动区域，对通风效果影响很大，如图 3-1（a）

所示。而采用遮阳板与外墙间设置宽度为 150mm 的留槽，如图 3-1（b）所示、遮阳板安装于窗户上沿的下部，如图 3-1（c）所示，或遮阳板比窗户上沿高出至少 300mm 等方法，如图 3-1（d）所示，可以引导气流主要流经人体活动的区域。

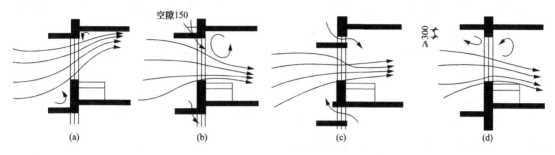

图 3-1　几种遮阳设施的通风效果

据同济大学宋德萱教授在 1999 年对建筑水平遮阳板的模拟通风实验证实，遮阳板与墙体间的留槽宽度直接影响着气流的流向，合适的留槽宽度有利于将进入室内的气流引导至室内下方人体主要活动的区域范围，从而改善室内的通风状况。

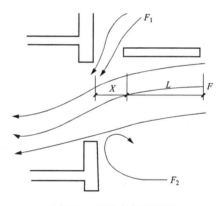

在留槽式遮阳体系中，当槽的宽度接近于遮阳板的宽度时，洞口的瓶颈效应就会削弱，表现为一个贯通空间的通风形式，此时遮阳板对通风的影响就非常小；而当槽的宽度过小，在槽的位置则会产生涡流区，这种涡流将会削弱自留槽处进入的气流，从而失去留槽改善通风的意义。所以经实验表明，当槽宽与板宽之比为 3/4 时，对通风的改善作用是最佳的（图 3-2）。

图 3-2　留槽式水平遮阳

3.6　遮阳与建筑造型

由于重要的遮光和导光作用，建筑遮阳构件主要都设置于建筑形体的外表面处，因此成为建筑立面中活跃的造型元素。但是当前，大多数建筑遮阳只是简单而生硬地附加到建筑立面上，并没有考虑与建筑整体设计的协调统一。这样既影响了遮阳构件自身性能的充分发挥，也很容易导致建筑室内环境舒适性和建筑整体形象大打折扣。而伴随经济的飞速发展和科技的日新月异，人们的审美需求也更趋多元化，这就要求建筑造型应更能符合人们的审美趣味。因此，现代建筑设计必须重视遮阳与建筑造型的一体化设计，在满足遮阳构件实用功能的基础上，遮阳构件的形状、位置、材质、色彩以及设置方式等都应与建筑造型设计恰当融合，促进遮阳构件与建筑整体性能的良好互动，并促使其成为建筑造型中符合当今审美法则的完美的美学元素。

3.6.1　光影交叠的多层次构图

光是世间万物得以呈现的必要条件，而影则是在光的照射下形成的物体映射。形态多样的遮阳构件会带来丰富且富有韵律的光影效果，使原本平淡的建筑造型在阳光照射下形成明暗相间、光影交叠的多层次构图。运用遮阳构件精确的细部设计和与建筑整体的协调表现，

可以使光影变化更生动且更具活力。光影不仅增强了建筑造型的立体感，更促进了建筑内外空间的延续性和渗透感，赋予建筑深邃的表情和跃动的生命。

例如，西班牙的莱昂音乐厅采用了极具雕塑感的立面设计，墙面上散布着大小不一的深凹的窗洞，犹如五线谱中一个个律动的音符。而凹入立面内的窗洞遮挡了阳光直射，形成光影交叠的跃动画面。阳光通过深邃的窗口射入室内，随观览者的步伐而展现出变化的多层次光影构图（图3-3）。

图3-3　西班牙的莱昂音乐厅

3.6.2　虚实相生的情景交融

"虚"部与"实"部是建筑必备的基本组成要素。可透光的门窗洞口等虚体空间和不透光的实体墙面，紧密联系，相辅相成，共同构成建筑统一体。不同材质、不同形式的遮阳构件是建筑立面上"虚"部与"实"部的理想承接体，遮阳构件形成的丰富光影映射强化了墙体的虚实对比效果和凹凸变化，加强了建筑轮廓的高低错落、体块的虚实多变，并借助于光线的实时变化呈现依时间而变换的丰富形象，创造丰富的艺术效果和强烈的视觉冲击力。

例如意大利的U15办公大楼在建筑外立面采用了大小不同的穿孔铝板作为遮阳构件，沿着建筑每层的水平方向排列设置，包裹于透明的建筑外表皮上。遮阳构件根据阳光的不同照射情况选择开启或闭合，形成虚实相生的灵活立面构图，给人强烈的视觉冲击力和艺术美感（图3-4）。

图3-4　意大利U15办公楼（一）

图 3-4　意大利 U15 办公楼（二）

3.6.3　色彩与材质的协调感知

材料是构成建筑重要的物质基础。而材料的色彩和材质是建筑最容易触动人类敏感神经的重要元素。不同色彩、不同材质的选择和搭配直接影响着建筑造型的效果和建筑表情的刻画，并且给人带来不同的视觉感受。色彩鲜明且与建筑色彩适度协调的遮阳构件可以更好地呈现建筑特质，丰富建筑形象，烘托空间氛围。而相异的材料质感也会引起不同的心理共鸣。例如柔和而具有自然纹理的木材、竹片等材质容易使人感觉亲切和安定，粗糙的混凝土和毛石等会给人以坚实厚重之感，抛光的大理石、人工石等则更易传达一种高档次、高品质的信息，而平滑、光亮的金属或玻璃则更显轻盈且更富时代感。

例如荷兰的乌德勒支大学图书馆的外墙面由内外两层玻璃幕墙组成。其中，外层玻璃幕墙玻璃具有高反射性能，并且这层印有柳树枝干纹理的幕墙可以带来半透光的效果，以减少进入室内的直射光线和热辐射，而在光线微弱的阴天或者夜晚，又可将外部窗扇打开，这时内层的全透明玻璃就成为外立面，最大限度地引入自然光。外层幕墙采用植物纹理图案，达到了与周围环境协调的目的（图 3-5）。

图 3-5　乌德勒支大学图书馆

3.6.4 环境与气候的动态响应

建筑与环境和气候密不可分，是自然生态系统的有机组成部分。在不同的环境状况和气候条件下，对于阳光、热量、自然风等的需求不同。固定不变的遮阳构件仅对某一时刻从某个角度射来的太阳光线具备最佳的遮挡效果，却很难满足不同条件下的遮阳需求。采用智能控制技术主动地调节遮阳构件，使遮阳构件能动地响应一天中不断变化的光照条件，不仅有利于充分发挥遮阳构件的最大效能，改善室内环境条件，而且为人们呈现了一个动态的、多变的且与环境主动对话的建筑有机生命体。

例如法国巴黎的阿拉伯世界文化中心的南立面表皮采用照片感光原理的"控光装置"，该装置可随直射阳光的不同强度而开闭或变换孔洞大小，在控制射入室内的阳光量的同时给室内空间带来丰富的光影变化。而这些随日光而开合的"机械瞳孔"也似乎时刻与人进行着心灵的交流（图3-6）。

图3-6　阿拉伯世界文化中心

不同地区地理纬度的气候特点不同，因此应因地制宜地设计建筑遮阳。针对存在的问题，本章探讨了不同气候区进行遮阳设计的必要性、遮阳设计的基本原则以及遮阳设计与其他影响因素的关系。使建筑在设计之初就将遮阳设计包含的内容作为建筑的设计元素加以考虑，进而将遮阳设计各个部件与建筑恰到好处地融为一体。

第 4 章　建筑遮阳对建筑能耗的影响分析

遮阳设计应统筹考虑对冬夏两季室内热舒适环境的影响。由于冬夏两季室内环境对遮阳需求截然不同，而规范对遮阳设计仅仅规定了遮阳系数的限制，多数建筑设计人员，对遮阳设计的节能程度并不十分清楚。因此通过数据量化分析遮阳设计对建筑制冷、采暖能耗及总能耗的影响具有很强的实际应用意义。

4.1　建筑遮阳能耗模拟和分析软件

4.1.1　建筑遮阳模拟软件选用

Design Builder 是 Design Builder 公司开发的基于 Energy Plus 而后期开发的建筑节能模拟软件。它针对建筑设计初始阶段考虑建筑节能，同时可以应用在建筑设计过程中的任何阶段，提供建筑节能数据来优化建筑设计和建筑运行能耗评估建筑方案。这款软件具有以下特点：

软件操作界面易学易用，Design Builder 可以通过三维的视图中可以看出建筑模型的各类信息，如图 4-1 所示，具有全面的软件数据资料库，Design Builder 包含了最新的美国冷暖空调学会和世界气象数据观测点的 4429 套数据，并可更新新版气象参数。软件自带各种建筑类型的标准数据库包含常用的建筑材料参数信息。独立的软件能耗模拟功能，Design Builder 在整个计算过程中无需外部工具，软件自身能够满足节能运算的需要。Design Builder 还有其他一些特有功能，如可以详细的设置多种建筑构件，可以有效模拟各种照明系统，可以有效模拟建筑的冷热负荷类型等。

本章对建筑能耗的分析选用 Design Builder，通过软件模拟计算不同遮阳设计建筑制冷、制暖单位面积能耗，有效量化遮阳的节能效果。设计不同遮阳形式并在操作界面进行几何参数设置，如图 4-2 所示，通过改变尺寸参数可以调节遮阳构件与窗户间的关系，进行遮阳构件设计优化。

4.1.2　模拟方法介绍

依据山东省工程建设标准《公共建筑节能设计标准》（DBJ 14-036—2006）的规定，设计模拟模型的围护结构的传热系数值，包括屋面、外墙（包括非透明幕墙）、外窗（包括透明幕墙）等，其值参照表 4-1。针对标准的限定值，模拟模型控制其窗墙比＞0.30，量化分析不同遮阳设计的耗电量值。

为了分析不同朝向的遮阳效果，选择正方形房间，设置各朝向相同大小、相同数量的窗户，分别模拟分析南向、东向、西向、北向、西向南向两个朝向、西向东向两个朝向、东向南向两个朝向和东向西向南向三个朝向的遮阳设计能耗。分析不同遮阳形式遮阳效果时，选择相同窗洞口设计遮阳并分析其模型耗电量值。

图 4-1　Design Builder 模拟模型　　　　　图 4-2　遮阳参数设置

表 4-1　　　　　　　　　　　　　　围护结构传热系数和遮阳系数限值

围护结构部分	体形系数≤0.30 传热系数 K [W/(m²·K)]		0.30<体形系数≤0.40 传热系数 K [W/(m²·K)]	
屋面	≤0.55		≤0.45	
外墙（包括非透明幕墙）	≤0.60		≤0.50	
外窗（包括透明幕墙）	传热系数 K[W/(m²·K)]	遮阳系数 SC（东、南、西向/北向）	传热系数 K[W/(m²·K)]	遮阳系数 SC（东、南、西向/北向）
单一朝向外窗（包括透明幕墙）　窗墙面积比≤0.20	≤3.50	—	≤3.00	—
0.20<窗墙面积比≤0.30	≤3.00	—	≤2.50	—
0.30<窗墙面积比≤0.40	≤2.70	≤0.70/—	≤2.30	≤0.70/—
0.40<窗墙面积比≤0.50	≤2.30	≤0.60/—	≤2.00	≤0.60/—
0.50<窗墙面积比≤0.70	≤2.00	≤0.50/—	≤1.80	≤0.50/—

注　1. 有外遮阳时，遮阳系数＝玻璃的遮阳系数×外遮阳的遮阳系数；无外遮阳时，遮阳系数＝玻璃的遮阳系数。
　　2. 外墙传热系数为包括结构性热桥在内的平均传热系数。
　　3. 北向外窗（包括透明幕墙）的遮阳系数 SC 值不限制。

遮阳形式的节能率定义为遮阳设计前后单位面积耗电量差值与未使用遮阳时的单位面积耗电量的比值。

4.1.3　模型边界条件设定

因考虑普通外遮阳的适用高度，选取模拟模型及后续实例均为 35m 以下建筑。在各项对比进行多次对比模拟时，变化参数仅为外遮阳板部分，其他房间数据为常量。本章模型外围护结构设计如下：

屋顶做法设计为平屋顶保温构造，采用 7 层构造做法，屋顶防水层、保温层、楼板层等各层厚度及其热工系数见表 4-2。

表 4-2　　　　　　　　　　　　　　屋顶平屋顶保温构造做法

建筑做法	厚度（mm）	导热系数 [W/(m·K)]	传热阻（m²·K/W）	蓄热系数 [W/(m²·K)]	修正系数
地砖水泥砂浆铺卧	40	0.93	0.043	11.37	1.0
防水卷材	4	—	—	—	—
水泥砂浆找平层	20	0.93	0.022	11.27	1.0
膨胀聚苯板（EPS）	110	0.041	2.683	0.36	1.5
水泥珍珠岩找坡层	55	0.18	0.306	4.37	1.5
现浇钢筋混凝土楼板	100	1.74	0.057	17.2	1.0
混合砂浆	20	0.87	0.023	10.75	1.0
屋顶传热系数		0.44	热惰性系数	4.27	

外墙做法设计为加气混凝土砌块墙体保温构造，采用 5 层建筑做法，包括：抹面层、保温层、聚合物水泥砂浆找平层、加气混凝土砌块、混合砂浆，各层厚度及热工系数见表 4-3。

表 4-3　　　　　　　　　　　　加气混凝土砌块墙体保温构造做法

建筑做法	厚度（mm）	导热系数 [W/(m·K)]	传热阻（m²·K/W）	蓄热系数 [W/(m²·K)]	修正系数
水泥砂浆	20	0.93	0.022	11.37	1
膨胀聚苯板（EPS）	50	0.041	1.22	0.36	1.2
聚合物水泥砂浆找平层	20	0.93	0.022	11.27	1
加气混凝土砌块	200	0.2	1	3.6	1.25
混合砂浆	20	0.87	0.023	10.57	1
外墙传热系数		0.49	热惰性系数	4.77	

注　此处的传热系数为主体墙的传热系数，热桥部位传热系数为 0.75、热惰性系数为 2.9，全部外墙加权平均传热系数为 0.55。

外窗选用隔热铝合金中空玻璃窗，6＋12A＋6 中空玻璃，传热系数为 2.7，窗遮阳系数为 0.86，气密性等级 6，可开启面积比 0.50，可见光透射比 0.40，窗框窗洞面积比 0.20。

4.2　不同朝向的遮阳效果比较

由于太阳运行规律不同，建筑各朝向接受太阳辐射量也不同，不同的遮阳形式在不同的建筑朝向的遮阳效果也不尽相同。因此，在实际工程应用中，在不同的建筑朝向合理地选择不同的遮阳形式具有重要的经济意义。本章节以山东地区为例，运用 Design Builder 模拟软件分别对不同形式的外遮阳构件应用于建筑的南向、东向、西向、北向的建筑能耗进行模拟分析。

国标图集《建筑外遮阳（一）》中涉及卷帘遮阳、织物遮阳、百叶帘遮阳、铝合金机翼遮阳、铝合金格栅遮阳等常用遮阳形式。本节选择的不同外遮阳形式包括以下形式：百叶帘遮阳水平推拉、百叶帘遮阳垂直推拉、垂直机翼百叶遮阳、水平机翼百叶遮阳、挡板窗扇遮阳、格栅窗扇遮阳、水平格栅遮阳、倾斜格栅遮阳、导向式织物遮阳、斜臂织物遮阳、折臂织物遮阳、方形固定织物遮阳、弧顶固定织物遮阳、圆顶固定织物遮阳、混凝土垂直遮阳构件、混凝土水平遮阳构件、混凝土综合遮阳构件。本章模拟的遮阳形式设计涵盖国标中的常用形式，并对其进行了一定的详细分类进行模拟。

为比较不同朝向的遮阳效果，本节选取的建筑模型为简化模型如图 4-3 所示，假设为一个房间，四个朝向面积相同，开窗大小相同。

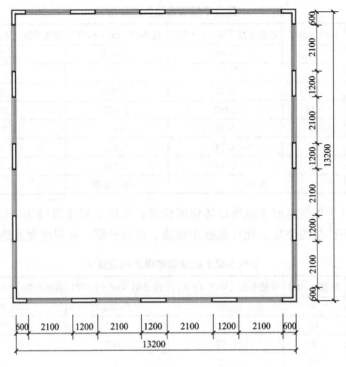

图 4-3　简化模型平面示意图

4.2.1　不同朝向外遮阳系数值分析

本节模拟内容在相同窗洞大小、相同遮阳构件构造尺寸情况下，将遮阳构件应用在不同朝向进行数据模拟。在进行模拟结果论述之前，在此先对不同朝向外遮阳系数进行分析。在建筑物理中，根据太阳运动轨迹给出水平、垂直等遮阳形式适用的朝向，而当计算寒冷地区外遮阳系数时，外遮阳系数大小与这个传统意义上的规律并不完全吻合。

假设遮阳设计均为简单的水平遮阳板和垂直遮阳板，根据公式 $SD=ax^2+bx+1$（SD 为外遮阳的遮阳系数，x 为外遮阳特征值，a、b 为拟合系数），当窗洞大小与遮阳构件构造尺寸均相同时则 x 值为定值，根据查阅东西南三个朝向的拟合系数，假设 x 值为 0.3，可得出表 4-4。外遮阳系数为有外遮阳时进入室内的太阳辐射热量与无遮阳时进入室内太阳辐射热量的比值，因此外遮阳系数越小阻挡的太阳辐射热量越大。而由表 4-4 可知，无论是水平遮阳还是垂直遮阳板，当各朝向遮阳设计 x 值相同时均为南向外遮阳系数 SD 最小，这与寒冷地区纬度一般较高、太阳辐射对南向影响较大有关。但对于寒冷地区而言，计算遮阳形式的遮阳效果，不仅仅要考虑夏季遮挡，还应考虑冬季的日照需求。

表 4-4　　　　　　　　　　水平遮阳板、垂直遮阳板外遮阳系数

水平	a	b	x	SD	垂直	a	b	x	SD
东	0.35	−0.76	0.3	0.8035	东	0.32	−0.63	0.3	0.8398
西	0.35	−0.78	0.3	0.7975	西	0.31	−0.61	0.3	0.8449
南	0.63	−0.99	0.3	0.7597	南	0.43	−0.78	0.3	0.8047

4.2.2　不同朝向固定式遮阳效果比较

不同朝向遮阳效果以单位面积耗电量、外遮阳系数 SD、节能率衡量各朝向的遮阳效果。固定外遮阳设计应综合比较夏季单位面积制冷耗电量和冬季单位面积采暖耗电量，通过对比分析其全年单位面积耗电量衡量其遮阳效果。

（1）格栅遮阳。格栅遮阳模拟选型包括水平格栅遮阳和倾斜格栅两种，设计其参数为两种格栅遮阳外挑长度均为 500mm。

不同朝向设计格栅遮阳时，其能耗值见表 4-5。对于固定格栅遮阳，与未设计遮阳的模型相比较，南向单位面积制冷耗电量减少量最大，冬季单位面积采暖耗电量增加值也最多，但由于制冷差值远大于采暖差值，因此比较总体耗电量时，南向节能程度最高。西向及东向遮阳设计，因外遮阳系数值东向较小，因此其制冷耗电量差值较大，而冬季采暖耗电量东西向增加值近似，总体东向相对更加节能。因各朝向的制冷耗电量减少值均大于采暖耗电量的增加值，因此设计遮阳均能达到一定的节能效果，组合多朝向遮阳设计的遮阳节能率相对更高。

表 4-5　　　　　　　　　　　　遮阳设计参数及能耗值分析

遮阳形式名称	遮阳简图					遮阳尺寸参数
水平格栅遮阳						$a=500$ $b=100$ $c=100$ $d=100$ $e=80$ $f=90$ $g=90$

水平格栅耗电量（kWh/m³）	未设计遮阳	南向	西向	东向	西向、南向	东向、西向、南向
单位面积制冷耗电量	84.29	80.07	82.92	81.74	80.24	76.79
单位面积采暖耗电量	26.18	26.87	26.46	26.43	26.25	27.42
单位面积耗电量	110.47	107.57	109.38	108.17	106.49	104.21
节能率	0	2.62%	0.98%	2.08%	3.60%	5.66%
外遮阳系数 SD	1	0.74	0.79	0.75		
外窗综合遮阳系数 Sw	0.86	0.64	0.68	0.65		

遮阳形式名称	遮阳简图					遮阳尺寸参数
倾斜格栅遮阳						$a=500$ $b=100$ $c=100$ $d=500$ $e=45$

耗电量（kWh/m³）	未设计遮阳	南向	西向	东向	西向、南向	东向、西向、南向
单位面积制冷耗电量	84.29	80.28	82.91	81.59	78.80	76.14
单位面积采暖耗电量	26.18	26.68	26.48	26.52	27.12	27.45
单位面积耗电量	110.47	106.96	109.39	108.11	105.92	103.59
节能率	0	3.17%	0.97%	2.14%	4.11%	6.22%
外遮阳系数 SD	1	0.69	0.77	0.75		
外窗综合遮阳系数 Sw	0.86	0.6	0.67	0.65		

（2）固定织物遮阳。固定织物遮阳包括方形固定织物遮阳、弧顶固定织物遮阳和圆顶固定织物遮阳。其参数及能耗值分别见表 4-6。方形固定织物遮阳与弧顶固定织物遮阳均为长方形，出挑长度为 500mm，而圆顶固定织物遮阳以窗户中点为圆心进行遮阳设计，因此圆顶固定织物遮阳设计尺寸与另两种不同，设置其半径为 500mm。

表 4-6 　　　　　　　　　　　　　遮阳设计参数及能耗值分析

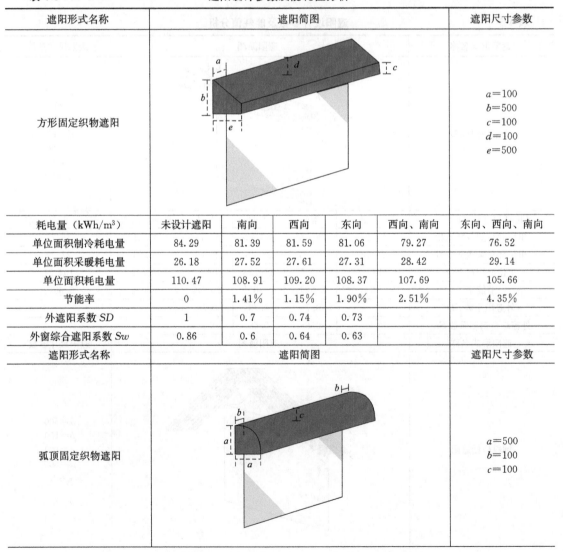

遮阳形式名称	遮阳简图	遮阳尺寸参数
方形固定织物遮阳		a＝100 b＝500 c＝100 d＝100 e＝500

耗电量（kWh/m³）	未设计遮阳	南向	西向	东向	西向、南向	东向、西向、南向
单位面积制冷耗电量	84.29	81.39	81.59	81.06	79.27	76.52
单位面积采暖耗电量	26.18	27.52	27.61	27.31	28.42	29.14
单位面积耗电量	110.47	108.91	109.20	108.37	107.69	105.66
节能率	0	1.41%	1.15%	1.90%	2.51%	4.35%
外遮阳系数 SD	1	0.7	0.74	0.73		
外窗综合遮阳系数 Sw	0.86	0.6	0.64	0.63		

遮阳形式名称	遮阳简图	遮阳尺寸参数
弧顶固定织物遮阳		a＝500 b＝100 c＝100

续表

耗电量（kWh/m³）	未设计遮阳	南向	西向	东向	西向、南向	东向、西向、南向
单位面积制冷耗电量	84.29	81.39	81.59	81.06	79.27	76.52
单位面积采暖耗电量	26.18	27.52	27.61	27.31	28.42	29.14
单位面积耗电量	110.47	108.91	109.20	108.37	107.69	105.66
节能率	0	1.41%	1.15%	1.90%	2.51%	4.35%
外遮阳系数 SD	1	0.7	0.74	0.73		
外窗综合遮阳系数 Sw	0.86	0.6	0.64	0.63		

遮阳形式名称	遮阳简图	遮阳尺寸参数
圆顶固定织物遮阳		$a=1000$ $b=100$

耗电量（kWh/m³）	未设计遮阳	南向	西向	东向	西向、南向	东向、西向、南向
单位面积制冷耗电量	84.29	81.38	81.68	81.3	79.35	76.52
单位面积采暖耗电量	26.18	27.48	27.58	27.12	28.32	29.15
单位面积耗电量	110.47	108.86	109.26	108.42	107.67	105.67
节能率	0	1.46%	1.09%	1.85%	2.53%	4.34%
外遮阳系数 SD	1	0.77	0.81	0.79		
外窗综合遮阳系数 Sw	0.86	0.66	0.69	0.68		

　　分析表 4-6 的数值可以得出，固定织物遮阳不同朝向遮阳效果比较，夏季制冷耗电量与外遮阳系数 SD 值有密切关系，南向外遮阳系数最小，其夏季遮蔽率也更好，制冷耗电量降低值更大。因固定织物遮阳完全遮蔽，没有缝隙透光，因此其冬季采暖耗电量增加值较大。对比各朝向遮阳设计可发现，南向夏季单位面积制冷耗电量最低，但冬季单位面积采暖耗电量最高，虽然南向总体节能，但因采暖耗电量差值相对东西向更大，因此衡量全年整体节能率南向反而低于东向。

　　（3）机翼百叶遮阳。机翼百叶遮阳包括垂直机翼百叶和水平机翼百叶，其参数及能耗值见表 4-7。参数设计上，设置百叶宽度为 100mm，百叶间距为 300mm，其超出窗边距距离为 200mm，叶片倾角为 45°。

表 4-7　　　　　　　　　　遮阳设计参数及能耗值分析

遮阳形式名称	遮阳简图	遮阳尺寸参数
垂直机翼百叶遮阳		$a=100$ $b=200$ $c=300$ $d=50$ $e=45$ $f=1800$

耗电量（kWh/m³）	未设计遮阳	南向	西向	东向	西向、南向	东向、西向、南向
单位面积制冷耗电量	84.29	81.77	82.53	82.84	80.03	78.61
单位面积采暖耗电量	26.18	27.41	26.98	26.89	28.28	29.05
单位面积耗电量	110.47	109.18	109.51	109.73	108.31	107.66
节能率	0	1.17%	0.87%	0.67%	1.96%	2.54%
外遮阳系数 SD	1	0.61	0.67	0.57		
外窗综合遮阳系数 Sw	0.86	0.53	0.58	0.49		

遮阳形式名称	遮阳简图	遮阳尺寸参数
水平机翼百叶遮阳		$a=100$ $b=50$ $c=2100$ $d=200$ $e=45$ $f=300$

耗电量（kWh/m³）	未设计遮阳	南向	西向	东向	西向、南向	东向、西向、南向
单位面积制冷耗电量	84.29	80.54	81.19	81.92	77.47	75.16
单位面积采暖耗电量	26.18	27.33	26.68	26.62	27.86	28.35
单位面积耗电量	110.47	107.87	107.87	108.54	105.33	103.51
节能率	0	2.68%	1.55%	2.89%	4.88%	6.3%
外遮阳系数 SD	1	0.49	0.56	0.53		
外窗综合遮阳系数 Sw	0.86	0.42	0.48	0.45		

由 4-7 分析可知，对不同朝向的垂直机翼百叶遮阳设计时，夏季单位面积制冷耗电量南向与东向较低且数值相近，冬季单位面积采暖耗电量南向最高，因此垂直机翼百叶在各朝向设计中东向节能率最高。对不同朝向的水平机翼百叶遮阳设计时，夏季单位面积制冷耗电量南向最低，东向次之；冬季单位面积采暖耗电量西向与东向较低且数值相近，因南向冬季单位面积采暖耗电量增加值较大，因此综合全年能耗水平机翼百叶东向节能率最高。

（4）混凝土构件遮阳。混凝土构件遮阳模拟选择水平构件、垂直构件和综合构件其参数及能耗值见表 4-8。垂直构件遮阳外挑长度为 500mm，距窗下边边距为 100mm；水平构件遮阳外挑长度为 500mm，距窗上边边距为 100mm；综合遮阳水平外挑长度为 500mm，距窗上边边距为 100mm，垂直外挑长度为 500mm，距窗下边边距为 100mm。

分析表 4-8 的数据可知，在当前构件参数尺寸设计下，混凝土垂直遮阳应用在南向时，其单位面积耗电量减少，有一定的节能作用，而应用在西向及东向时，均因夏季单位面积制冷耗电量减少值小于冬季单位面积采暖耗电量增加值，其总体耗能反而略有增加。混凝土水平遮阳应用在南向时，夏季单位面积制冷耗电量差值较大，虽然南向冬季采暖耗电量大于东西向，总体南向节能率较高，东向与西向遮阳设计也能起到一定的节能效果，设计三个朝向遮阳时，节能率最高。

表 4-8 遮阳设计参数及能耗值分析

遮阳形式名称	遮阳简图	遮阳尺寸参数
混凝土垂直遮阳构件		$a=0$ $e=500$ $f=100$ $g=90$ $h=0$

耗电量（kWh/m³）	未设计遮阳	南向	西向	东向	西向、南向	东向、西向、南向
单位面积制冷耗电量	84.29	82.13	82.53	82.91	80.39	79.04
单位面积采暖耗电量	26.18	27.75	27.12	26.96	28.74	29.59
单位面积耗电量	110.47	109.88	109.64	109.87	109.14	108.63
节能率	0	0.55%	0.76%	0.55%	1.22%	1.67%
外遮阳系数 SD	1	0.68	0.81	0.81		
外窗综合遮阳系数 Sw	0.86	0.58	0.7	0.7		

遮阳形式名称	遮阳简图	遮阳尺寸参数
混凝土水平遮阳构件		$a=500$ $b=200$ $c=90$ $d=100$ $e=0$

耗电量（kWh/m³）	未设计遮阳	南向	西向	东向	西向、南向	东向、西向、南向
单位面积制冷耗电量	84.29	81.30	82.01	82.48	79.04	77.24
单位面积采暖耗电量	26.18	26.87	26.46	26.43	27.16	27.43
单位面积耗电量	110.47	108.17	108.47	108.91	106.20	104.67
节能率	0	2.09%	1.82%	1.42%	3.87%	5.26%
外遮阳系数 SD	1	0.68	0.73	0.7		
外窗综合遮阳系数 Sw	0.86	0.59	0.63	0.6		

遮阳形式名称	遮阳简图	遮阳尺寸参数
混凝土综合遮阳构件		$a=500$ $b=200$ $c=90$ $d=100$ $e=500$ $f=100$ $g=90$ $h=0$

耗电量（kWh/m³）	未设计遮阳	南向	西向	东向	西向、南向	东向、西向、南向
单位面积制冷耗电量	84.29	79.03	79.72	80.80	74.60	71.31
单位面积采暖耗电量	26.18	28.71	27.37	27.20	30.03	31.20
单位面积耗电量	110.47	107.75	107.10	108.00	104.64	102.51
节能率	0	2.47%	3.06%	2.25%	5.29%	7.21%
外遮阳系数 SD	1	0.42	0.68	0.66		
外窗综合遮阳系数 Sw	0.86	0.36	0.59	0.57		

单一朝向设计时，南向全年节能率较高；综合三个朝向设计遮阳时，建筑节能率最高。

根据数据分析对于固定遮阳而言，南向优先选择混凝土水平固定遮阳；因机翼百叶对窗洞口覆盖面积较大，东向与西向优先选择水平机翼遮阳。

4.2.3 不同朝向活动式遮阳效果比较

活动外遮阳设计因冬季可以完全收起，因此比较不同朝向的遮阳效果时，主要比较其夏季制冷能耗。

（1）百叶帘遮阳。百叶帘遮阳包括水平推拉和垂直推拉两种模式，其参数及能耗值见表 4-9。百叶帘遮阳水平推拉形式设置宽度为 2100mm，叶片宽度为 150mm，两叶片间距为 150mm，叶片倾斜角度为 45°；百叶帘遮阳垂直推拉形式设置长度为 2100mm，叶片宽度为 150mm，两叶片间距为 150mm，叶片倾斜角度为 45°。

表 4-9　　　　　　　　　　遮阳设计参数及能耗值分析

遮阳形式名称	遮阳简图	遮阳尺寸参数
百叶帘遮阳水平推拉		$a=150$ $b=150$ $c=45$ $d=2100$

耗电量（kWh/m³）	未设计遮阳	南向	西向	东向	西向、南向	东向、西向、南向
单位面积制冷耗电量	84.29	76.93	78.42	75.20	71.25	62.30
制冷节能率	0	8.73%	6.96%	10.78%	15.46%	26.08%
外遮阳系数 SD	1	0.54	0.57	0.48		
外窗综合遮阳系数 Sw	0.86	0.47	0.49	0.41		

遮阳形式名称	遮阳简图	遮阳尺寸参数
百叶帘遮阳垂直推拉		$a=150$ $b=150$ $c=45$ $d=2100$

续表

耗电量（kWh/m³）	未设计遮阳	南向	西向	东向	西向、南向	东向、西向、南向
单位面积制冷耗电量	84.29	78.90	82.32	80.47	76.93	73.11
制冷节能率	0	6.39%	2.33%	4.53%	8.73%	13.26%
外遮阳系数 SD	1	0.5	0.42	0.4		
外窗综合遮阳系数 Sw	0.86	0.43	0.36	0.34		

　　水平推拉遮阳形式为小片的垂直遮阳百叶组成的可收缩的活动遮阳，对比其各个朝向数值东向外遮阳系数 SD 值最小，其东向制冷节能率为三个朝向最高，因各个朝向设计遮阳均能达到一定的遮阳效果，因此三个朝向均设计遮阳节能率最高。垂直推拉为小片的水平遮阳百叶组成的可收缩的活动遮阳，各单一朝向遮阳设计中南向节能率高，三个朝向均设计遮阳节能率最高。

　　（2）窗扇遮阳。窗扇遮阳包括挡板窗扇遮阳和格栅窗扇遮阳，其参数及能耗值见表 4-10。窗扇遮阳在居住建筑中有较多的应用，尤其是其形象常出现于我国开埠城市的殖民区中。

表 4-10　　　　　　　　　　　遮阳设计参数及能耗值分析

遮阳形式名称	遮阳简图				遮阳尺寸参数	
挡板窗扇遮阳					$a=900$ $b=45$	
耗电量（kWh/m³）	未设计遮阳	南向	西向	东向	西向、南向	东向、西向、南向
单位面积制冷耗电量	84.29	78.74	79.85	78.42	74.32	68.51
制冷节能率	0	6.58%	5.26%	6.96%	11.82%	18.72%
外遮阳系数 SD	1	0.5	0.49	0.5		
外窗综合遮阳系数 Sw	0.86	0.43	0.42	0.43		
遮阳形式名称	遮阳简图				遮阳尺寸参数	
格栅窗扇遮阳					$a=900$ $b=45$ $c=30$	
耗电量（kWh/m³）	未设计遮阳	南向	西向	东向	西向、南向	东向、西向、南向
单位面积制冷耗电量	121.2	113.53	115.33	113.37	107.66	99.89
制冷节能率	0	6.33%	4.84%	6.46%	11.17%	17.58%
外遮阳系数 SD	1	0.53	0.53	0.54		
外窗综合遮阳系数 Sw	0.86	0.46	0.46	0.47		

　　窗扇遮阳类似于挡板遮阳，各单一朝向遮阳设计中两类窗扇遮阳均为东向节能率较高，其次为南向，因各朝向均能达到一定的节能作用，因此东向、西向、南向三个朝向均设计遮阳时其节能程度最佳。因格栅窗扇有一定的孔隙率，因此其节能率相对挡板窗扇较低，但本节只研究了遮阳形式对耗电量的影响，如果综合考虑通风及自然采光，格栅窗扇设计有更多的优势。

　　（3）织物遮阳。活动织物遮阳主要包括导向式织物遮阳、斜臂织物遮阳、折臂织物遮阳，其参数及能耗值见表 4-11。导向式设计为平行窗口控制其遮盖面积；斜臂织物倾斜部分可调节长度，织物与窗口设计成 45°；折臂织物介于两者之间包含垂直部分和倾斜部分。

表 4-11　　　　　　　　　　　　遮阳设计参数及能耗值分析

遮阳形式名称	遮阳简图				遮阳尺寸参数
导向式织物遮阳					$a=2100$
耗电量（kWh/m³）	未设计遮阳	南向	西向	东向	西向、南向	东向、西向、南向
单位面积制冷耗电量	84.29	78.27	79.63	77.76	72.16	65.96
制冷节能率	0	7.14%	5.52%	7.74%	14.38%	21.74%
外遮阳系数 SD	1	0.4	0.4	0.4		
外窗综合遮阳系数 SW	0.86	0.34	0.34	0.34		
遮阳形式名称	遮阳简图				遮阳尺寸参数
斜臂织物遮阳					$a=2100$ $b=100$ $c=45$ $d=200$
耗电量（kWh/m³）	未设计遮阳	南向	西向	东向	西向、南向	东向、西向、南向
单位面积制冷耗电量	84.29	79.97	81.26	79.79	75.44	71.07
制冷节能率	0	5.12%	3.60%	5.33%	10.50%	15.68%
外遮阳系数 SD	1	0.64	0.65	0.64		
外窗综合遮阳系数 SW	0.86	0.55	0.56	0.55		
遮阳形式名称	遮阳简图				遮阳尺寸参数
折臂织物遮阳					$a=1600$ $b=200$ $c=500$ $d=100$ $e=0$ $f=135$

耗电量（kWh/m³）	未设计遮阳	南向	西向	东向	西向、南向	东向、西向、南向
单位面积制冷耗电量	84.29	78.55	79.67	77.85	72.46	66.18
制冷节能率	0	6.80%	5.47%	7.64%	14.03%	21.48%
外遮阳系数 SD	1	0.7	0.64	0.63		
外窗综合遮阳系数 SW	0.86	0.6	0.55	0.54		

由表 4-11 的数据可知，三种织物遮阳形式在单一朝向的设计，均为东向设计节能率最高，南向次之，各朝向均有一定的节能效果，因此其三个朝向遮阳设计节能率最高。

4.3　不同遮阳形式的遮阳效果比较

在进行相同朝向不同遮阳形式的遮阳效果比较时，因模拟软件模拟结果为房间的单位面积耗电量，为了使数据具有相对的准确性，本节模型未选择单个房间进行模拟，而选择较简单的公共建筑的简化形式。因为若采用单个房间进行模拟时，该房间六个面均为与外界接触的外墙面，而实际情况中极少出现一个房间有四个以上的墙面为外墙面，其热损失值较大。为讨论较大东西向的窗墙比的建筑遮阳效果，选取了建筑平面东西向较大的方案，并进行了东西向开窗，实际设计中为增强建筑的节能性，其东西向可能并不需要如此设计窗户，此为模拟模型与实际设计中的设计差异。

本节选取的建筑模型平面示意图如图 4-4 所示，其体型系数为 0.22，参照山东省《公共建筑节能设计标准》设置其屋顶及外墙的构造做法，最终屋顶传热系数设计值为 $0.44W/(m^2 \cdot K)$，外墙加权平均传热系数设计值为 0.55，符合表 4-1 的相关限制规定。建筑模型房间参数设定见表 4-12。

表 4-12　　　　　　　　　　建筑模型房间参数

房间用途	是否空调	累积面积（m²）	室内设计温度（℃）		人均使用面积（m²/人）	照明功率（W/m²）	电器设备功率（W/m²）	新风量（m³/hp）
			夏季	冬季				
普通办公室	是	1710.72	26	20	4	11	20	30
走廊_办公建筑	是	993.6	26	20	50	5	0	30
其他_办公建筑	是	237.6	26	20	20	11	5	30
合计空调房间面积（m²）		4785.12		合计非空调房间面积（m²）				0

选取的模拟模型其建筑围护结构热工性能的权衡计算见表 4-13，参照建筑值为公共建筑节能规范中规定的节能限值。模型建立中屋面、外墙及外窗的传热系数均符合限值要求，其中遮阳系数尚未符合要求，因此模型有设计外遮阳的必要性。东、西、南三个朝向窗墙比均属于 0.30＜窗墙比≤0.40 的范围，其中东、西向为 0.31，南向为 0.35。

活动遮阳的遮阳面积具有操作的随机性，其在各个朝向的遮阳性能比较已在上节中阐述，本节主要对比具有相同参数的不同固定遮阳的遮阳效果比较。

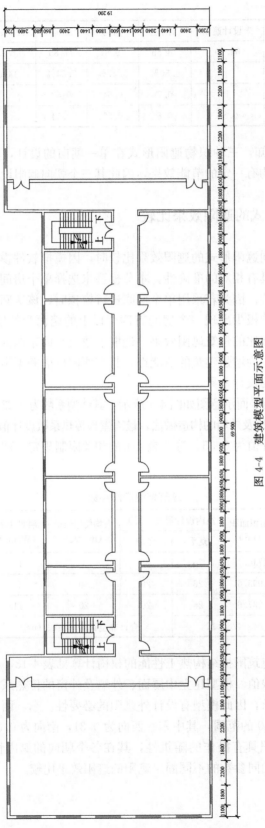

图 4-4 建筑模型平面示意图

表 4-13　　　　　　　　　　　建筑围护结构热工性能的权衡计算表

围护结构部位		参照建筑 [W/(m²·K)]				设计建筑 [W/(m²·K)]		
屋面		0.55				0.44		
外墙（包括非透明幕墙）		0.6				0.55		
外窗（包括透明幕墙）	朝向	窗墙比	传热系数 [W/(m²·K)]	遮阳系数 SW	窗墙比	传热系数 [W/(m²·K)]	遮阳系数 SW
单一朝向幕墙	东	0.30＜窗墙面积比≤0.40（0.31）	2.7	0.7	0.31	2.7	0.86
	南	0.30＜窗墙面积比≤0.40（0.35）	2.7	0.7	0.35	2.7	0.86
	西	0.30＜窗墙面积比≤0.40（0.31）	2.7	0.7	0.31	2.7	0.86
	北	0.20＜窗墙面积比≤0.30（0.27）	3	1	0.27	2.7	0.86

4.3.1　水平遮阳效果比较

目前建筑水平遮阳常用格栅遮阳、织物遮阳和混凝土遮阳三种类型，为探究其遮阳效果的差异，本节选取南向水平遮阳使用这三种不同形式进行遮阳性能比较。因铝合金较少以板材的形式使用，因此选取的为水平格栅遮阳、织物遮阳和混凝土水平遮阳，其实景示意图见表 4-14。四种水平遮阳形式均设置外挑长度为 500mm，织物遮阳控制角度为 90°，模拟结果见表 4-15。

表 4-14　　　　　　　　　　　三种遮阳形式实景示意图

	格栅遮阳	织物遮阳	混凝土遮阳
实景示意图			

表 4-15　　　　　　　　　　　水平遮阳不同材质能耗对比表

耗电量	未设计遮阳	格栅遮阳	混凝土遮阳	织物遮阳	
				黑色	银色
单位面积制冷耗电量（kWh/m³）	71.48	66.5	65.95	68.48	71.24
单位面积采暖耗电量（kWh/m³）	86.13	88.07	88.14	86.91	86.19
单位面积耗电量（kWh/m³）	157.61	154.57	154.09	155.39	157.43
外遮阳系数	1	0.76	0.73	0.85	0.99

对比分析表 4-15 可知，当水平遮阳外挑长度相同时，因遮阳构件材料及形式的不同，其外遮阳系数值是不同的。其中通过对两种不同色泽的织物遮阳进行分析，黑色织物遮蔽系数为 0.6，银色为 0.05，不同遮蔽系数材料的选用也会造成外遮阳系数的较大改变。

对比不同遮阳形式与未设计遮阳时的单位面积制冷耗电量差值、单位面积采暖耗电量的差值和单位面积耗电量差值，可得出图4-5～图4-7。通过差值比较可以发现，当水平遮阳外挑尺度较小时，其制冷能耗差值远大于采暖能耗差值。相同外挑长度情况下，混凝土遮阳构件外遮阳系数相对较小，因此混凝土遮阳构件单位面积能耗差值相对较大，而织物卷帘差值相对较小。在该组对比分析模型的遮阳设计中，织物遮阳为水平构件，实际其遮阳形式应属于斜臂遮阳，在实际工程中，该形式常结合一定倾角进行设计，多用作活动遮阳，较少单纯的作为水平构件存在。因此本节的内容更多是为在固定变量的情况下，分析各材料间的数据差异，并不能因此得出不适宜使用织物卷帘遮阳的结论。

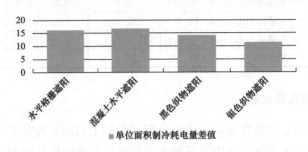

图4-5　不同水平遮阳制冷能耗差值

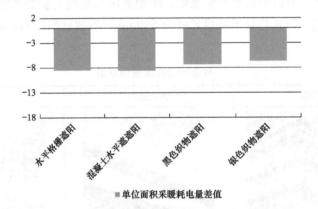

图4-6　不同水平遮阳采暖能耗差值

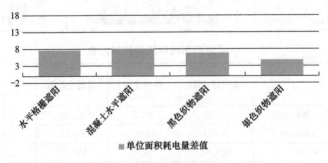

图4-7　不同水平遮阳总能耗差值

水平遮阳中的格栅遮阳包含两种形式，其实景及示意图见表4-16，在此假设其均外挑500mm，对比其能耗值模拟结果见表4-17。对比数据可发现，当格栅遮阳设计在南向时，水平格栅外遮阳系数较大；设计在东向及西向时，两种遮阳形式外遮阳系数近似相等。两种遮阳形式能耗数据与外遮阳系数相关联，各朝向进行遮阳设计时，水平格栅单位面积制冷耗电量相对较高，而单位面积采暖耗电量相对较低，总单位面积耗电量南向时水平格栅遮阳较高，东西向两种遮阳近似相等。

表 4-16　　　　　　　　　　　　　格栅遮阳实景及示意图

参数	水平格栅	倾斜格栅
实景示意图		
遮阳参数设计	 $a=500$、$b=100$、$c=100$、$d=100$、$e=80$、$f=90$、$g=90$	 $a=500$、$b=100$、$c=100$、$d=500$、$e=45$

表 4-17　　　　　　　　　　　　　　格栅遮阳能耗对比表

参数	耗电量（kWh/m³）	未设计遮阳	南向	西向	东向	西向、南向	东向、西向、南向
水平格栅	单位面积制冷耗电量	71.48	66.5	70.92	70.47	65.93	64.92
	单位面积采暖耗电量	86.13	88.07	86.4	86.43	88.34	88.65
	单位面积耗电量	157.61	154.57	157.32	156.9	154.27	153.57
	外遮阳系数 SD	1	0.76	0.78	0.75		
倾斜格栅	单位面积制冷耗电量	71.48	65.49	70.87	70.39	64.87	63.78
	单位面积采暖耗电量	86.13	88.43	86.46	86.5	88.77	89.15
	单位面积耗电量	157.61	153.92	157.33	156.89	153.64	152.93
	外遮阳系数 SD	1	0.7	0.77	0.75		

4.3.2　垂直及综合遮阳效果比较

在遮阳朝向理论设计中，水平遮阳板适宜使用在南向，垂直遮阳板适合使用在东北、北、西北向，挡板遮阳板适合使用在东、西向，综合遮阳适合使用在东南、西南向。因软件模拟的局限性，未能进行混凝土挡板遮阳的模拟。

通过对垂直遮阳及综合遮阳形式的混凝土遮阳能耗模拟，结果见表 4-18，分析可看出二者都呈现出南向单位面积制冷耗电量低而单位面积采暖耗电量高的特点，垂直遮阳南向制冷耗电量值与东、西向近似，其夏季制冷节省程度近似，而冬季耗能多，因此垂直遮阳总能耗东、西向较低；综合遮阳南向设计时，制冷耗电量较低，但冬季采暖增加值较大，因此总能耗也为东、西向较低。

表 4-18 混凝土遮阳能耗对比表

参数	耗电量（kWh/m³）	未设计遮阳	南向	西向	东向	西向、南向	东向、西向、南向
垂直遮阳	单位面积制冷耗电量	71.48	71.23	71.31	71.17	71.05	70.72
	单位面积采暖耗电量	86.13	89.03	86.47	86.57	89.37	89.81
	单位面积耗电量	157.61	160.26	157.78	157.74	160.42	160.53
	外遮阳系数 SD	1	0.64	0.84	0.83		
综合遮阳	单位面积制冷耗电量	71.48	67.79	70.78	70.27	67.12	65.9
	单位面积采暖耗电量	86.13	90.96	86.62	86.76	91.45	92.11
	单位面积耗电量	157.61	158.75	157.4	157.03	158.57	158.01
	外遮阳系数 SD	1	0.4	0.7	0.67		

4.3.3 机翼遮阳效果比较

机翼遮阳其实景及示意图如表 4-19，两种遮阳形式均将外挑叶片设置为 100mm，两叶片间距为 300mm，对比其能耗值模拟结果如表 4-20。

表 4-19 机翼遮阳实景及示意图

参数	水平机翼	垂直机翼
实景示意图		
遮阳参数设计	 $a=100$、$b=50$、$c=2000$、$d=200$、$e=45$、$f=300$	 $a=100$、$b=200$、$c=300$、$d=50$、$e=45$、$f=1800$

表 4-20　　　　　　　　　　　　　　　　　机翼遮阳能耗对比表

参数	耗电量（kWh/m³）	未设计遮阳	南向	西向	东向	西向、南向	东向、西向、南向
水平机翼	单位面积制冷耗电量	71.48	64.21	70.41	69.98	63.88	62.36
	单位面积采暖耗电量	86.13	90.46	86.72	86.8	91.07	91.78
	单位面积耗电量	157.61	154.67	157.13	156.78	154.95	154.14
	外遮阳系数 SD	1	0.49	0.56	0.53		
垂直机翼	单位面积制冷耗电量	71.48	70.34	71	70.32	68.19	67.02
	单位面积采暖耗电量	86.13	89.72	86.54	86.8	90.13	90.81
	单位面积耗电量	157.61	160.06	157.54	157.12	158.32	157.83
	外遮阳系数 SD	1	0.59	0.67	0.57		

水平机翼及垂直机翼遮阳形式均为单位面积制冷耗电量南向最低，单位面积采暖耗电量南向最高。水平遮阳南向制冷能耗差值较大，综合全年单位面积耗电量南向设置最节能；而垂直遮阳各朝向制冷能耗近似，而冬季南向单位面积采暖耗电量高，因此东西向设置更节能。

4.4　南向固定遮阳外挑尺寸的研究

针对气候特点对遮阳的需求性，活动遮阳可以夏季使用，冬季完全收起，因此活动遮阳会更适合山东地域使用。但是在实际工程设计中，外挑类的固定遮阳也是会被运用到的，因此研究固定遮阳外挑尺寸的适宜范围，也有很强的必要性。根据山东省的地域特点，省级公共建筑节能规范和居住建筑节能规范都提倡在东、西、南三个朝向使用活动外遮阳，其中南向可设置固定遮阳。南向固定遮阳一般为水平遮阳，因此本节主要研究不同窗墙比条件下，南向水平遮阳外挑长度与窗高、窗玻璃选择的关系。以期通过本节的研究，建筑设计人员可以通过研究数据近似估算外挑长度。

4.4.1　南向固定遮阳外挑尺寸限值计算

有外遮阳时外窗的综合系数应按式（2-1）进行计算：

$$SC_W = SC \times SD = SC_B \times (1-F_K/F_C) \times SD \tag{2-1}$$

式中　SC_W——外窗综合遮阳系数；

SC——窗本身的遮阳系数；

SD——外遮阳的遮阳系数；

F_K——窗框的面积；

F_C——窗的面积；

F_K/F_C——窗框面积比，PVC 塑钢窗或木窗窗框面积比可取 0.30，铝合金窗窗框面积比可取 0.20。

外遮阳系数应按式（2-2）进行计算：

$$SD = ax^2 + bx + 1 \tag{2-2a}$$

$$X = A/B \tag{2-2b}$$

式中　SD——外遮阳系数；

x——外遮阳特征值；$x > 1$ 时，取 $x=1$；

A、B——外遮阳的构造定性尺寸，按规范确定；

a、b——拟合系数。

AB取值方法与遮阳的类型有关，ab的取值可参考相关节能规范。如：山东省省标中对南向水平遮阳的拟合系数取值，公共建筑为$a=0.63$，$b=-0.99$；居住建筑为$a=0.65$，$b=-1$。

窗玻璃遮阳系数数据来源于《建筑门窗玻璃幕墙热工计算规程》，整理见表4-21窗玻璃遮阳系统。

表4-21   窗玻璃遮阳系数

玻璃品种		遮阳系数 SC_B	玻璃品种		遮阳系数 SC_B
透明玻璃	3mm 透明玻璃	1.00		6 透明＋12 空气＋6 透明	0.86
	6mm 透明玻璃	0.93		6 绿色吸热＋12 空气＋6 透明	0.54
	12mm 透明玻璃	0.84			
吸热玻璃	5mm 绿色吸热玻璃	0.76		6 灰色吸热＋12 空气＋6 透明	0.51
	6mm 蓝色吸热玻璃	0.72		6 中等透光热反射＋12 空气＋6 透明	0.34
	5mm 茶色吸热玻璃	0.72		6 低透光热反射＋12 空气＋6 透明	0.18
	5mm 灰色吸热玻璃	0.69	中空玻璃	6 高透光 Low-E＋12 空气＋6 透明	0.62
单片Low-e玻璃	6mm 高透光 Low-E 玻璃	0.58		6 中透光 Low-E＋12 空气＋6 透明	0.50
	6mm 中等透光 Low-E 玻璃	0.51		6 较低透光 Low-E＋12 空气＋6 透明	0.38
热反射玻璃	6mm 高透光热反射玻璃	0.64		6 低透光 Low-E＋12 空气＋6 透明	0.30
	6mm 中等透光热反射玻璃	0.49		6 高透光 Low-E＋12 氩气＋6 透明	0.62
	6mm 低透光热反射玻璃	0.30		6 中透光 Low-E＋12 氩气＋6 透明	0.50
	6mm 特低透光热反射玻璃	0.29			

建筑节能标准中规定了不同窗墙比情况下遮阳系数的限值，该遮阳限值为外窗的综合系数，根据外窗遮阳计算公式可以查表得出对应窗户窗框面积比及玻璃的遮阳系数，因此我们可以根据规范中对SC_W的限值，得出使用某种窗户时SD的限值。通过外遮阳限值可以计算出X，由$X=A/B$，得出不同遮阳板根部到窗对边距离对应的水平遮阳外挑长度。

窗户类型选用会影响窗户窗框面积比，因此本节假设窗户选用铝合金外窗，则该比值为0.2。对于高反射玻璃，其自身的窗遮阳系数即可满足限值，研究的内容主要为需要设置外遮阳以达到遮阳限值时的水平外遮阳的悬挑长度。

本节研究限值公共建筑取值主要来源公共建筑节能规范的规定，0.3＜窗墙比≤0.4时遮阳系数限值为0.7，0.4＜窗墙比≤0.5时遮阳限值为0.6，0.5＜窗墙比≤0.7时，遮阳限值为0.5。山东省省标中对公共建筑南向水平遮阳的拟合系数取值$a=0.63$，$b=-0.99$。

公共建筑设计，当0.3＜窗墙比≤0.4时，遮阳限值为0.7，可得出见表2-22。因遮阳限值为0.7，时，对外遮阳的需求值相对较小，因此在设置南向水平构件时外挑长度也相对较小。因实际工程中建筑模数的问题，本文在分析时会将计算数据相对向上取整进行陈述。3mm透明玻璃实际应用已经较少，如其应用在窗高1800mm的窗户，外遮阳离窗上口约200mm时，其遮阳板根部到窗对边距离为2000mm，此时水平外遮阳设计达到280mm就可以满足设计需求，这种外挑长度，结合窗户与墙身的安装位置、建筑立面横向线条设计，就完全可以达到最低要求。而相对较好的6mm透明玻璃，即便应用在遮阳板根部到窗对边距离为 2600mm 时，也只需要 170mm 的外挑长度。数值化的计算也使我们认识到满足遮阳设计要求并没有所想的那么麻烦。

表 4-22 窗墙比为 0.3～0.4 时遮阳外挑长度限值

玻璃名称	玻璃遮阳系数	窗遮阳系数	外遮阳系数限值	$X=A/B$	遮阳板根部到窗对边距离	外挑长度最小值
3mm 透明玻璃	1	0.8	0.875	0.138 463	1800	249.233 4
					2000	276.926
					2400	332.311 2
					2600	360.003 8
6mm 透明玻璃	0.93	0.744	0.940 86	0.062 199 1	1800	111.958 3
					2000	124.398 1
					2400	149.277 8
					2600	161.717 6

公共建筑设计，当 0.4＜窗墙比≤0.5 时，遮阳限值为 0.6，可得出见表 4-23。当窗墙比增大到 0.4～0.5 范围时，由于遮阳限值提高到 0.6，因此对于玻璃自身遮阳系数特别大的玻璃，运用在大窗户上时，并不适用于单纯的水平外遮阳，比如当使用 3mm 透明玻璃，遮阳板根部到窗对边距离为 2600mm 时，遮阳外挑尺寸已达到 830 才能满足要求。对于山东地区而言，由于综合考虑到建筑造型和冬季得热的关系，这个时候应该优先考虑其他遮阳形式。当设计师希望选取固定水平遮阳时，则应该相对提高玻璃自身的质量，如同样遮阳板根部到窗对边距离为 2600mm 时，如果使用 6 透明＋12 空气＋6 透明的中空玻璃时，只需要设计 370mm 的水平外挑尺寸便可达到遮阳限值的目的。

表 4-23 窗墙比为 0.4～0.5 时遮阳外挑长度限值

玻璃名称	玻璃遮阳系数	窗遮阳系数	外遮阳系数限值	$X=A/B$	遮阳板根部到窗对边距离	外挑长度最小值
3mm 透明玻璃	1	0.8	0.75	0.316 117 1	1800	569.010 7
					2000	632.234 1
					2400	758.681
					2600	821.904 4
6mm 透明玻璃	0.93	0.744	0.806 452	0.228 823 6	1800	411.882 4
					2000	457.647 1
					2400	549.176 6
					2600	594.941 3
12mm 透明玻璃	0.84	0.672	0.892 857	0.116 9	1800	210.465 3
					2000	233.850 3
					2400	280.620 4
					2600	304.005 4
5mm 绿色吸热玻璃	0.76	0.608	0.986 842	0.0134 052	1800	24.129 28
					2000	26.810 31
					2400	32.172 37
					2600	34.853 41

玻璃名称	玻璃遮阳系数	窗遮阳系数	外遮阳系数限值	$X=A/B$	遮阳板根部到窗对边距离	外挑长度最小值
6透明+12空气+6透明	0.86	0.688	0.872093	0.142 037 4	1800	255.667 2
					2000	284.074 7
					2400	340.889 7
					2600	369.297 1

公共建筑设计,当 0.5<窗墙比≤0.7 时,遮阳限值为 0.5,可得出见表 4-24。窗墙比为 0.5~0.7 时,建筑多为落地窗或幕墙类建筑,本节分析时包含了所有单纯使用玻璃时不能满足遮阳要求的玻璃,但实际工程中已经绝少使用 3mm 透明玻璃,因此在此并不赘述。在大窗墙比范围下,其实并不常见单纯在窗洞口的水平遮阳,一般会做成多层遮阳构件的叠合。

表 4-24 窗墙比为 0.5~0.7 时遮阳外挑长度限值

玻璃名称	玻璃遮阳系数	窗遮阳系数	外遮阳系数限值	$X=A/B$	遮阳板根部到窗对边距离	外挑长度最小值
3mm透明玻璃	1	0.8	0.625	0.637 023 9	1800	1146.643
					2000	1274.048
					2400	1528.857
					2600	1656.262
6mm透明玻璃	0.93	0.744	0.672 043	0.474 619	1800	854.314 2
					2000	949.238
					2400	1139.086
					2600	1234.009
12mm透明玻璃	0.84	0.672	0.744 048	0.326 287 1	1800	587.316 8
					2000	652.574 2
					2400	783.089 1
					2600	848.346 5
5mm绿色吸热玻璃	0.76	0.608	0.822 368	0.206 5	1800	371.850 9
					2000	413.167 7
					2400	495.801 3
					2600	537.118
6mm蓝色吸热玻璃 5mm绿色吸热玻璃	0.72	0.576	0.868 056	0.147 034 9	1800	264.66
					2000	294.06
					2400	352.8
					2600	382.2
5mm灰色吸热玻璃	0.69	0.552	0.905 797	0.101 741 7	1800	183.135
					2000	203.483 4
					2400	244.18
					2600	264.528 4
6mm高透光热反射玻璃	0.64	0.512	0.976 563	0.024 042 1	1800	43.275 73
					2000	48.084 15
					2400	57.700 98
					2600	62.509 39

玻璃名称	玻璃遮阳系数	窗遮阳系数	外遮阳系数限值	$X=A/B$	遮阳板根部到窗对边距离	外挑长度最小值
6 透明＋12 空气＋6 透明	0.86	0.688	0.726 744	0.357 219 8	1800	642.995 6
					2000	714.439 5
					2400	857.327 4
					2600	928.771 4

当设计师仅想增加少量横向线条时，选用吸热玻璃和高透光热反射玻璃，可以达到水平遮阳辅助达到遮阳限值的目的，如自身遮阳系数较小的玻璃、6mm 厚的蓝色吸热玻璃和 5mm 厚的绿色吸热玻璃，水平外挑尺寸达到 400mm，便可满足遮阳板根部到窗对边距离为 2600mm 时的遮阳限值。对于 6mm 高透光热反射玻璃，100mm 的外挑便可满足综合遮阳系数 0.5 的限值要求。因此对于固定遮阳设计，要结合窗墙比、窗玻璃遮阳系数和设计形态需求共同进行设计，而不是简单完成一个构件。

由于山东省居住建筑省标中，仅对东西向外窗综合遮阳系数值进行了限定，由于居住未对南向遮阳性能进行限定，因此居住建筑参考公共建筑限值，分别计算 0.5、0.6、0.7 的限值时的比值 X，外挑长度值设计师可参考此 X 值自行计算，当外挑尺寸过大时，应选择其他遮阳形式。山东省省标中对居住建筑南向水平遮阳的拟合系数取值为 $a=0.65$，$b=-1$。外窗综合遮阳系数值不同时，X 取值见表 4-25～表 4-27。针对外挑遮阳板的计算，也可以用来参考当居住建筑在南向设计阳台时的外挑适宜尺寸，此时遮阳板根部到窗对边距离一般为（层高－窗台高）。

表 4-25　　　　　　　　　　　　**外窗综合遮阳系数限值为 0.7 时 X 取值**

玻璃名称	玻璃遮阳系数	窗遮阳系数	外遮阳系数限值	$X=A/B$
3mm 透明玻璃	1	0.8	0.875	0.137 243 2
6mm 透明玻璃	0.93	0.744	0.940 86	0.061 606 8

表 4-26　　　　　　　　　　　　**外窗综合遮阳系数限值为 0.6 时 X 取值**

玻璃名称	玻璃遮阳系数	窗遮阳系数	外遮阳系数限值	$X=A/B$
3mm 透明玻璃	1	0.8	0.75	0.314 147 7
6mm 透明玻璃	0.93	0.744	0.806 452	0.227 059 9
12mm 透明玻璃	0.84	0.672	0.892 857	0.115 869 6
5mm 绿色吸热玻璃	0.76	0.608	0.986 842	0.013 272 4
6 透明＋12 空气＋6 透明	0.86	0.688	0.872 093	0.140 791 4

表 4-27　　　　　　　　　　　　**外窗综合遮阳系数限值为 0.5 时 X 取值**

玻璃名称	玻璃遮阳系数	窗遮阳系数	外遮阳系数限值	$X=A/B$
3mm 透明玻璃	1	0.8	0.625	0.647 604 7
6mm 透明玻璃	0.93	0.744	0.672 043	0.473 990 6
12mm 透明玻璃	0.84	0.672	0.744 048	0.324 322 8
5mm 绿色吸热玻璃	0.76	0.608	0.822 368	0.204 928 9
6mm 蓝色吸热玻璃 5mm 绿色吸热玻璃	0.72	0.576	0.868 056	0.145 753

玻璃名称	玻璃遮阳系数	窗遮阳系数	外遮阳系数限值	X＝A/B
5mm 灰色吸热玻璃	0.69	0.552	0.905 797	0.100 808 4
6mm 高透光热反射玻璃	0.64	0.512	0.976 563	0.023 805 9
6 透明＋12 空气＋6 透明	0.86	0.688	0.726 744	0.355 319 6

4.4.2 南向固定遮阳外挑尺寸模拟

选取 4.2 节所使用的建筑模型对南向混凝土固定遮阳进行外挑尺寸模拟，南向窗墙比 0.35，模型窗高 2100mm，遮阳构件距窗上沿距离为 100mm，外挑长度为 100～1100mm。模拟其数据得到表 4-28。

表 4-28   外挑长度为 100～1100mm 时水平遮阳能耗值

外挑长度（mm）	100	300	500	700	900	1100
单位面积制冷耗电量（kWh/m³）	70.35	67.83	65.95	65.15	65.75	65.32
单位面积采暖耗电量（kWh/m³）	86.21	87.11	88.14	89.11	89.98	90.78
单位面积耗电量（kWh/m³）	156.56	154.94	154.09	154.26	155.73	156.1
外遮阳系数	0.9	0.81	0.73	0.67	0.64	0.61
节能率	0.666 201	1.694 055	2.233 361	2.125 5	1.192 818	0.958 061

外挑尺寸增大，即 $X＝A/B$ 中，B 值不变而 A 值增大，通过对表格数据进行分析，随着水平遮阳外挑尺寸增大，单位面积制冷耗电量相对减少，但与此同时单位面积制暖耗电量差值也增大。分析其遮阳节能率，得出图 4-8，由图可以看出由于水平遮阳为固定遮阳，外挑长度过大时，因其对冬季采暖的影响，总体节能率反而下降，因此固定遮阳的设计一定要进行衡量评估。与此同时，水平遮阳外挑长度过长也将影响建筑立面的美观程度，试想一个建筑立面上设计了一排一米多的水平遮阳，由于遮阳构件与楼层等立面设计元素的比例不和谐，反而会影响建筑设计的美感。

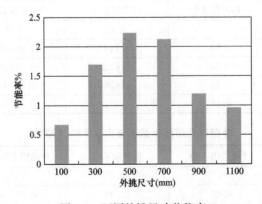

图 4-8   不同外挑尺寸节能率

在建筑遮阳对建筑能耗的分析方面，借助 Design Builder 分析软件量化分析建筑遮阳应用在不同朝向及不同形式遮阳设计的建筑能耗，并进行相关节能率计算，分析其不同遮阳效果。并针对窗玻璃选材的不同，对公共建筑和居住建筑南向固定遮阳外遮阳系数计算比值 X 及外挑尺寸进行研究。

在具体的工程实践中，可以根据不同朝向、不同形式遮阳设计的比较数据，选择设计遮阳的优先朝向及适宜形式。并且在关注遮阳降低建筑能耗的同时，还应根据不同自然采光需求进行合理的遮阳设计。

第 5 章　建筑遮阳对自然采光与通风的影响

建筑遮阳构件根据设置在窗口的位置可以分为外遮阳、中间遮阳、内遮阳，设置遮阳构件的主要目的在于当室外太阳辐射过于强烈时，遮阳构件能够有效地减少通过窗户进入室内的热量，降低空调负荷的同时，减少室内眩光，提高室内照度的舒适性。但是，对于设置固定的遮阳构件，也可能会影响室内的自然采光，导致室内采光不良；合理的遮阳设施还可以作为导风构件，起到调节自然气流并达到改善室内风环境的作用。不合理的遮阳设施，会使室外流入室内的气流受到影响，造成室内的自然通风不流畅。同时，作为被动的节能技术，建筑遮阳和自然通风都可降低建筑的能耗，同时也能增加室内舒适度。因此，本章节重点借助模拟分析软件，定量的分析外遮阳构件对建筑室内采光与自然通风产生的影响。

5.1　建筑遮阳采光与通风模拟和分析软件

5.1.1　建筑模拟软件选用

针对采光研究，Design Builder 具有采光模块，其采用 Radiance 作为分析核心，国际上采光分析基本都采用 Radiance 进行模拟，该软件的分析结果普遍受到认可。Design Builder 的模拟结果可以绘制建筑室内采光照度图、得出平均采光系数等，并可以依据国际绿色建筑标准评价出具采光分析报告。针对外遮阳构件研究，Design Builder 可以自定义遮阳构件（图 5-1），并可以分析通过外遮阳影响下的室内采光照度，输出室内采光照度图，得到某区域中遮阳影响下的自然采光情况。可以以简洁的表格输出平均采光系数、平均照度、建筑内受光面积、建筑照度均匀度等。Design Builder 的采光分析模块与热分析模块相关联，用户在进行采光模拟的同时可以直接利用现有的建筑模型进行建筑能耗计算，该采光模块还可以设置各种天气类型（含多云天气），以计算不同光气候条件下建筑室内的最大采光系数、最小采光系数、平均采光系数、采光均匀度等数值。

1. 模拟方法介绍

为了分析外遮阳构件对建筑室内天然采光的影响，选取公共建筑中的典型功能房间进行参数简化，设定模型的基础参数，通过 Design Builder 模拟软件建立基础建筑模型和不同形式的外遮阳构件，采用模拟软件进行定量分析。

根据 Design Builder 计算的结果，得出不同遮阳构件参数的室内平均采光系数、平均照度、最大采光系数、最小采光系数、采光均匀度等值，通过数据分析外遮阳设计参数对室内光环境的影响规律。依照采光设计标准作为评价标准，对外遮阳构件尺寸参数进行筛选，针对实际设计中所需要的采光要求，得出合理的遮阳板设计参数区间。

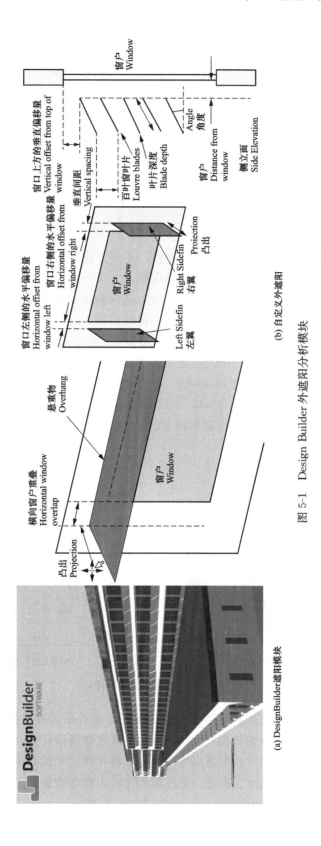

图 5-1　Design Builder 外遮阳分析模块

（a）DesignBuilder遮阳模块

（b）自定义外遮阳

2. 模型边界条件设定

（1）室外设计照度。根据中国光气候分区设定室外天然光设计照度值，研究对象为山东地区，由中国光气候分区可知，山东省内所有城市的大部分区域均位于光气候Ⅳ类分区，仅有菏泽市、聊城市中小部分区域位于光气候Ⅲ类分区。

据此设定模拟采光参数，建筑遮阳的采光模拟以山东省为例，设定模拟地点为济南市，济南市位于第Ⅳ光气候区，室外的天然光设计照度值为 13 500lx，光气候系数 K 值为 1.1。依据采光设计标准中规定，模型室内各表面的反射比需符合推荐数值区间，顶棚为 0.60～0.90，墙面 0.30～0.80，地面 0.10～0.50。

（2）模型临界参数。因考虑普通外遮阳在公共建筑中的普遍适用度，多数主要功能房间均需满足采光系数标准值 3.0%、室内天然光照度标准值为 450lx，因此选择办公房间作为模拟对象，对于研究公共建筑具有普遍适用性。

首先针对办公房间的设计参数进行简化建模，其办公建筑模型基础常量设计如下：建立一个简化的建筑模型，设定为办公建筑的办公房间，由《建筑设计资料集》中对办公建筑的常用开间与进深数据进行筛选，其中最常用开间与进深数据分别为 3600mm 和 5400mm，结合办公建筑设计层高常用数值，选择常用设计中最低层高 3300mm。故设定办公房间模型的开间为 3600mm，进深 5400m，层高 3300mm（图 5-2）设定南向窗户采光，设定地点为济南，位于Ⅳ光气候区，室外天然光设计照度值为 13 500lx，光气候条件为全阴天情况，由此可设定室外天然光设计照度值设为 13 500lx，光气候系数 K 值为 1.1。窗户的太阳光透射度为 0.85，由《采光设计标准》（GB 50033—2013）办公房间室内各表面推荐反射比设定：建筑室内地面材料反射比为 0.50，墙面材料反射比为 0.80，顶棚材料的反射比为 0.90，外遮阳材料反射比为 0.90。

(a) 理想办公房间可视模型　　　　　　　(b) 办公房间平面参数

图 5-2　理想办公房间可视模型

（3）临界外窗尺寸。外窗面积临界最小值：根据《建筑采光设计标准》，办公室采光系数平均值为 3%，其侧面采光窗地面积比为 1/5。在日常建筑设计中，常以满足此面积比作为办公房间的外窗设计最小尺寸。因济南市位于光气候Ⅳ区，采光口面积需乘以光气候系数 1.1，得出外窗面积应取 4.32m²。折合合理外窗尺寸可为窗台距地高 0.9m，窗高 1.8m，窗宽 2.4m。此种情况的外窗窗墙比为 0.42，如图 5-3（a）所示。

外窗面积临界最大值：根据《公共建筑节能设计标准》（GB 50189—2005）在寒冷地区

公共建筑每个朝向的窗（包括透明幕墙）墙面积比均不应大于 0.7。在日常建筑设计中，常以满足此面积比作为办公房间的外窗设计最大尺寸，此种情况外窗窗墙比 0.7，外窗面积为 $7.2m^2$，折合合理外窗尺寸为窗台高 0.3m，窗高 2.4m，窗宽 3m，如图 5-3（b）所示。

(a) 外窗最小值，窗墙比0.42　　　　　　(b) 外窗最大值，窗墙比0.7

图 5-3　模型外窗临界值

5.1.2　通风模拟软件选用

1. 建筑遮阳通风模拟软件介绍

PHOENICS 是 CFD 模拟软件，此软件具有较多专业模块，而 FLAIR 是专门用于建筑及暖通空调专业设计的模块，如图 5-4（a）所示。本章运用此软件 FLAIR 模块进行外遮阳构件的建筑室内外风场模拟，如图 5-4（b）所示，具有准确性，可以说明遮阳构件对建筑室内风速、空气龄、气流走向的影响。

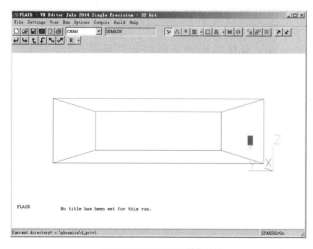

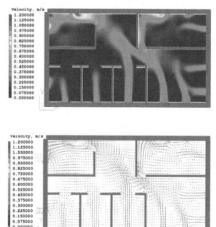

(a) PHOENICS FLAIR操作界面　　　　　　(b) 室内风场模拟

图 5-4　PHOENICS 软件界面

为了分析外遮阳构件对建筑室内自然通风的影响，以上一章的办公房间模型为参数基础进行模型设定，为减少模型两侧来风对模拟的影响，建立三个联排办公房间、外廊和外遮阳构

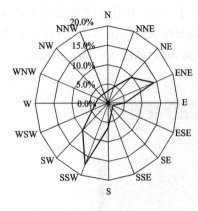

图 5-5 济南市风向频率玫瑰图

件，以模拟最基本办公建筑使用环境。通过 PHOENICS 模拟软件建立基础建筑模型和不同形式的外遮阳构件，采用模拟软件进行定量分析，通过结果说明外遮阳对于室内通风的影响。

2. 模型边界条件设定

本章研究遮阳对室内通风的影响，主要模拟设置参数与前部分的条件一致，故以济南市作为模拟地理设定参数地区。根据济南市主要风频玫瑰图（图 5-5），可以看出：该地区全年盛行风向较为集中，全年以西南偏南（SSW）风出现频率最高为 16.5%，其次东北偏东（ENE）风为 14.1%，第三为西南（SW）为 10%，第四为东北（NE）为 9.1%，静风频率为 9.2%。从整体看南偏西方向来风约占全年风向的 26.5%，东偏北方向来风约占全年风向的 23.2%。济南市可能开窗的季节为春夏秋三季，夏季平均风速 3.5m/s，风向为 SSW，春秋过渡季节平均风速为 4.1m/s，风向为 SSW。

建筑模型与采光模拟选用的建筑模型一致，建立三间联排办公房间，房间进深为 5400mm，开间为 3600mm，层高为 3300mm，走廊宽度为 1500mm。在此模型基础上设置不同遮阳构件。设定模型外窗朝正南，济南市夏季平均风速 3.5m/s，风向为 SSW，过渡季节平均风速为 4.1m/s，风向为 SSW。过渡季与夏季风向重复，此时统一研究过渡季节风气候条件，据此设定风场条件为 SSW 风向，风速为 4.1m/s，如图 5-6 所示，模拟工况主要为春秋两季过渡季节，风速选用济南地区过渡季节平均风速 4.1m/s，风向为 SSW。窗户的开启度为 0.5，为常用推拉的半开窗，门为完全开启，墙厚 200mm。具体的模型及网格划分见图 5-7。

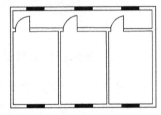

图 5-6 设置风场

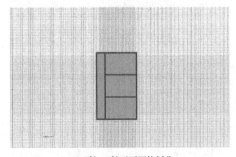

(a) X轴，Y轴平面网格划分

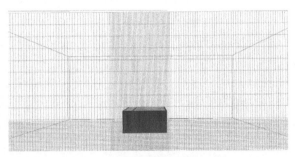

(b) Z轴平面网格划分

图 5-7 房间模型及网格划分

5.2 不同遮阳形式对建筑采光的影响分析

建立不同窗墙比的房间模型后，首先通过改变外遮阳位置和尺寸，得出不同遮阳形式、不同外遮阳参数下的平均采光系数、平均光照度、最大采光系数、最小采光系数、采光均匀度的数值，并分析以上数值差异，结果可得不同遮阳参数时室内光环境的变化规律。再根据《建筑采光设计标准》的建筑采光评价标准对外遮阳构件尺寸参数进行筛选。

济南市为Ⅳ类地区，由采光设计标准值得出房间需满足采光系数标准值 3.0%、室内天然光照度标准值 450lx；同时，根据采光系数标准值需乘以Ⅳ类地区光气候系数 K 值 1.1，综合以上得室内需满足采光系数标准值 3.3%，天然光照度标准值 450lx。

5.2.1　水平遮阳

为深入研究基于采光的水平遮阳板外挑限值，设定水平遮阳板的宽度与建筑房间的开间同宽，为 3600mm。模型根据外窗窗墙面积比最小值为 0.42，窗墙面积比最大值 0.7 两种情况下，通过改变水平遮阳板距外窗上沿距离及外挑长度进行模拟分析，从而得出不同情况下遮阳对室内采光的影响数值及变化规律。

（1）外窗窗墙比为 0.42 时。当窗墙比为 0.42 时，建筑模型中外窗上沿至同层建筑楼板的距离为 600mm。窗高 1.8m，窗宽 2.4m，窗左右两侧外沿距开间尽端 600mm。

通常建筑立面上设置水平遮阳构件时，其水平遮阳板与窗上沿的位置一般分为三种情况，距离为 0，即紧挨着窗户上沿；距离楼板 300mm；距离为 600mm，即处于建筑楼板位置如图 5-8 所示。分别对外墙外窗上沿设置水平遮阳板，按照遮阳板与窗上沿的距离不同，进行模拟计算，得出不同遮阳板外挑长度对应建筑室内采光的情况。

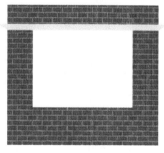 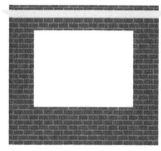 

(a) 距窗口上沿 0mm　　　　　(b) 距窗口上沿 300mm　　　　　(c) 距窗口上沿 600mm

图 5-8　模型水平遮阳板设定距离

1）水平遮阳板设置在窗口上沿距离为 0。设定水平遮阳板距窗口上沿为 0，改变水平遮阳板外挑长度为 200、400、600mm。经模拟得出室内采光照度云图，室内平均采光系数、平均照度、采光系数最小值/最大值、采光均匀度情况，见表 5-1。

表 5-1　　　　　水平遮阳板外挑长度 200、400、600mm 室内照度情况

外挑长度	建筑遮阳模型	采光系数照度云图	平均采光系数（%）	平均照度（lx）	采光系数最小值/最大值（%）	采光均匀度
200mm 水平遮阳板		DF 15.39 11.56 7.73 3.89 0.06	3.46	467.1	0.35/15.33	0.10

外挑长度	建筑遮阳模型	采光系数照度云图	平均采光系数（%）	平均照度（lx）	采光系数最小值/最大值（%）	采光均匀度
400mm 水平遮阳板		DF 15.39 11.56 7.73 3.89 0.06	3.02	407.7	0.34/13.44	0.11
600mm 水平遮阳板		DF 15.39 11.56 7.73 3.89 0.06	2.67	360.45	0.35/11.74	0.13

再分别设定水平遮阳板外挑长度为 0、200、400、600、800、1000、1200、1400、1600、1800、2000mm。如图 5-8（a）所示，依次分别对以上不同情况进行模拟，得出室内采光情况统计见表 5-2。

表 5-2　　　　　　　　　　水平遮阳板距窗口上沿为 0 室内采光情况

遮阳板长度（mm）	平均采光系数（%）	采光照度（lx）	采光系数最小值（%）	采光系数最大值（%）	采光均匀度
无	3.83	517.05	0.37	16.75	0.09
200	3.46	467.1	0.35	15.33	0.10
400	3.02	407.7	0.34	13.44	0.11
600	2.67	360.45	0.35	11.74	0.13
800	2.36	318.6	0.29	10.21	0.12
1000	2.10	283.5	0.30	8.83	0.14
1200	1.88	253.8	0.26	7.91	0.14
1400	1.69	228.15	0.25	7.10	0.15
1600	1.54	207.9	0.24	6.41	0.15
1800	1.53	206.55	0.23	6.33	0.15
2000	1.33	179.55	0.17	5.50	0.13

分析以上表中数据可知，无遮阳板室内采光平均系数为 3.83%，可以满足 IV 类光气候区的采光系数标准值 3.3%，改变遮阳板外挑长度后，随着外挑长度的变大内平均采光系数、采光照度、采光系数最小值，采光系数最大值均有所下降，但采光均匀度呈上升趋势。当遮阳板外挑长度等于 200mm 时，室内采光平均系数为 3.46%，取外挑长度为 300mm 进行模拟计算，得室内采光平均系数为 3.27%，此时室内采光系数不满足标准数值，可得取遮阳板长度小于等于 200mm，可满足采光设计标准。

根据室内采光情况，为分析室内照度的分布情况，改变不同水平遮阳外挑长度，得出室内采光照度云图 5-9。

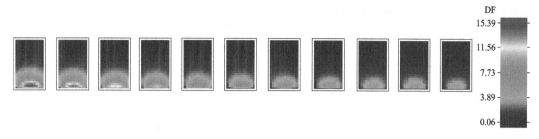

图 5-9　水平遮阳室内照度变化情况

由上图可看出，设置水平遮阳后，窗口近处的照度得到大大降低，说明设置水平遮阳板后，可以改善窗口处过高的照度值，减少室内眩光的产生。随着外遮阳板尺寸的增大，当遮阳板尺寸大于 1200mm 时，室内整体照度大大降低，很难再无法满足室内用户采光需求。

2）水平遮阳板在距窗口上沿为 300mm 处设置。设定水平遮阳板距窗口上沿为 300mm，改变水平遮阳板外挑长度为 200、400、600mm。经模拟得出室内采光照度云图，室内平均采光系数、平均照度、采光系数最小值/最大值、采光均匀度情况，见表 5-3。

表 5-3　　　　　　　　水平遮阳板外挑长度 200、400、600mm 室内照度情况

外挑长度	建筑遮阳模型	采光系数照度云图	平均采光系数（%）	平均照度（lx）	采光系数最小值/最大值（%）	采光均匀度
200mm 水平遮阳板			3.78	510.3	0.35/16.29	0.10
400mm 水平遮阳板			3.50	472.5	0.38/14.7	0.11
600mm 水平遮阳板			3.18	429.3	0.38/13.24	0.13

再分别设定水平遮阳板外挑长度为 0、200、400、600、800、1000、1200、1400、1600、1800、2000mm。如图 5-8（b）所示，依次分别对以上不同情况进行模拟，得出室内采光情况统计见表 5-4。

表 5-4   水平遮阳板距窗口上沿为 300mm 室内采光情况

遮阳板长度	平均采光系数（%）	平均照度（lx）	采光系数最小值（%）	采光系数最大值（%）	采光均匀度
无	3.83	517.05	0.37	16.75	0.09
200	3.78	510.30	0.35	16.29	0.09
400	3.50	472.50	0.38	14.70	0.11
600	3.18	429.30	0.38	13.24	0.12
800	2.86	386.10	0.41	11.57	0.14
1000	2.58	348.30	0.36	10.48	0.14
1200	2.33	314.55	0.33	9.48	0.14
1400	2.11	284.85	0.28	8.47	0.13
1600	1.90	256.50	0.29	7.32	0.15
1800	1.78	240.30	0.29	7.18	0.17
2000	1.68	226.80	0.25	6.81	0.15

分析以上表中数据可知，室内采光标准变化趋势与表 5-2 相同，遮阳板外挑长度为 200mm 时，室内光环境与无遮阳时相比基本无变化，取外挑长度为 500mm 进行模拟计算，得室内采光平均系数为 3.28%，此时室内采光系数不满足标准数值，可得取遮阳板长度小于等于 400mm，可满足采光设计标准。

3）水平遮阳板在距窗口上沿 600mm 处设置。设定水平遮阳板距窗口上沿为 600mm，改变水平遮阳板外挑长度为 200、400、600mm。经模拟得出室内采光照度云图，室内平均采光系数、平均照度、采光系数最小值/最大值、采光均匀度情况，见表 5-5。

表 5-5   外挑长度 200、400、600mm 室内照度情况

外挑长度	建筑遮阳模型	采光系数照度云图	平均采光系数（%）	平均照度（lx）	采光系数最小值/最大值（%）	采光均匀度
200mm 水平遮阳板			3.82	515.7	0.37/16.9	0.10
400mm 水平遮阳板			3.71	500.85	0.36/15.56	0.10
600mm 水平遮阳板			3.51	472.5	0.39/14.06	0.13

再分别设定水平遮阳板外挑长度为 0、200、400、600、800、1000、1200、1400、1600、1800、2000mm。如图 5-8（c）所示，依次分别对以上不同情况进行模拟，室内采光情况统计见表 5-6。

表 5-6　　　　　　　　　水平遮阳板距窗口上沿为 600mm 室内采光情况

遮阳板长度	平均采光系数（%）	平均照度（lx）	采光系数最小值（%）	采光系数最大值（%）	采光均匀度
无	3.83	517.05	0.37	16.75	0.09
200	3.82	515.70	0.37	16.90	0.10
400	3.71	500.85	0.36	15.56	0.10
600	3.51	472.50	0.39	14.06	0.11
800	3.24	437.40	0.35	12.95	0.11
1000	3.00	405.00	0.33	11.93	0.11
1200	2.77	373.95	0.37	10.92	0.14
1400	2.53	341.55	0.35	9.83	0.14
1600	2.32	313.20	0.36	8.77	0.16
1800	2.17	292.95	0.27	8.39	0.13
2000	2.05	276.75	0.36	8.10	0.18

分析以上表中数据可知，室内采光标准变化趋势与表 5-2 相同，遮阳板外挑长度小于 200mm 时，室内光环境与无遮阳时相比基本无变化，取外挑长度为 700mm 进行模拟计算，得室内采光平均系数为 3.31%，此时室内采光系数可满足标准数值，可得取遮阳板长度小于等于 700mm 时，可以满足采光设计标准。

（2）外窗窗墙比 0.7。当窗墙比为 0.7 时，建筑模型中外窗上沿至同层建筑楼板的距离为 600mm。窗高 1.8m，窗宽 2.4m，窗左右两侧外沿距开间尽端 350mm。

通常建筑立面上设置水平遮阳构件时，其水平遮阳板与窗上沿的位置一般分为三种情况，距离为 0，即是紧挨着窗户上沿；距离楼板 300mm；距离为 600mm，即是处于建筑楼板位置如下图 5-10 所示。下面分别对外墙外窗上沿设置的水平遮阳板，按照遮阳板与窗上沿的距离不同，进行模拟计算，得出不同遮阳板外挑长度对应建筑室内采光的情况。

 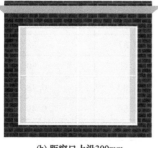 

(a) 距窗口上沿0mm　　　　　　(b) 距窗口上沿300mm　　　　　　(c) 距窗口上沿600mm

图 5-10　模型水平遮阳板设定距离

1）水平遮阳板设置在窗口上沿距离为 0。设定水平遮阳板距窗口上沿为 0，改变水平遮阳板外挑长度为 400、800、1200mm。经 Design Builder 模拟，得出室内采光照度云图，室内平均采光系数、平均照度、采光系数最小值/最大值、采光均匀度情况，见表 5-7。

表 5-7   外挑长度 400、800、1200mm 室内照度情况

外挑长度	建筑遮阳模型	采光系数照度云图	平均采光系数（%）	平均照度（lx）	采光系数最小值/最大值（%）	采光均匀度
400mm 水平遮阳板		DF 22.01 16.61 11.21 5.81 0.41	4.66	692.01	0.7/20.2	0.12
800mm 水平遮阳板		DF 22.01 16.61 11.21 5.81 0.41	3.93	583.605	0.67/17.41	0.14
1200mm 水平遮阳板		DF 22.01 16.61 11.21 5.81 0.41	3.42	507.87	0.58/15.06	0.15

再分别设定水平遮阳板外挑长度为 0、400、800、1200、1600、2000、2400、2800、3200mm。如图 5-10（a）所示，依次分别对以上不同情况进行模拟，得出室内采光情况统计见表 5-8。

表 5-8   水平遮阳板距窗口上沿为 0 室内采光情况

遮阳板长度	平均采光系数（%）	平均照度（lx）	采光系数最小值（%）	采光系数最大值（%）	采光均匀度
无	3.83	517.05	0.37	16.75	0.09
400	4.66	692.01	0.70	20.20	0.12
800	3.93	583.61	0.67	17.41	0.14
1200	3.42	507.87	0.58	15.06	0.15
1600	3.05	452.93	0.50	13.75	0.15
2000	2.80	415.80	0.48	12.56	0.14
2400	2.61	387.59	0.46	11.83	0.12
2800	2.49	369.77	0.40	11.36	0.14
3200	2.39	354.92	0.42	10.88	0.12

由上表可得，室内采光标准变化趋势与表 5-2 相同，当小于等于 1200mm 时，可以满足采光设计标准。

2）水平遮阳板在距窗口上沿 300mm 处位置。设定水平遮阳板距窗口上沿为 300mm，

改变水平遮阳板外挑长度为 400、800、1200mm。经模拟得出室内采光照度云图，室内平均采光系数、平均照度、采光系数最小值/最大值、采光均匀度情况，见表 5-9。

表 5-9　　　　　　　外挑长度 400、800、1200mm 室内照度情况

外挑长度	建筑遮阳模型	采光系数照度云图	平均采光系数（%）	平均照度（lx）	采光系数最小值/最大值（%）	采光均匀度
400mm 水平遮阳板		DF 22.01 16.61 11.21 5.81 0.41	5.18	769.23	0.7/21.09	0.13
800mm 水平遮阳板		DF 22.01 16.61 11.21 5.81 0.41	4.51	669.735	0.67/18.65	0.15
1200mm 水平遮阳板		DF 22.01 16.61 11.21 5.81 0.41	3.97	589.545	0.58/16.74	0.15

再分别设定水平遮阳板外挑长度为 0、400、800、1200、1600、2000、2400、2800、3200mm。如图 5-10（b）所示，依次分别对以上不同情况进行模拟，得出室内采光情况统计见表 5-10。

表 5-10　　　　　　水平遮阳板距窗口上沿为 300mm 室内采光情况

遮阳板长度	平均采光系数（%）	平均照度（lx）	采光系数最小值（%）	采光系数最大值（%）	采光均匀度
无	3.83	517.05	0.37	16.75	0.09
400	5.18	769.23	0.70	21.09	0.13
800	4.51	669.74	0.67	18.65	0.15
1200	3.97	589.55	0.58	16.74	0.15
1600	3.57	530.15	0.50	15.18	0.14
2000	3.28	487.08	0.48	13.89	0.15
2400	3.06	454.41	0.46	13.27	0.15
2800	2.92	433.62	0.40	12.73	0.14
3200	2.80	415.80	0.42	12.20	0.15

由上表可得，室内采光标准变化趋势与表 5-2 相同，当小于 1600mm 时，可以满足采光设计标准，当大于 2000mm 时，室内采光系数已小于标准值，不能满足规范要求。

3）水平遮阳板在距窗口上沿 600mm 处设置。设定水平遮阳板距窗口上沿为 600mm，改变水平遮阳板外挑长度为 400、800、1200mm。经模拟得出室内采光照度云图，室内平均采光系数、平均照度、采光系数最小值/最大值、采光均匀度情况，见表 5-11。

表 5-11 外挑长度 400、800、1200mm 室内照度情况

外挑长度	建筑遮阳模型	采光系数照度云图	平均采光系数（%）	平均照度（lx）	采光系数最小值/最大值（%）	采光均匀度
400mm 水平遮阳板		DF 22.01 16.61 11.21 5.81 0.41	5.41	803.385	0.67/21.7	0.12
800mm 水平遮阳板		DF 22.01 16.61 11.21 5.81 0.41	4.94	733.59	0.7/19.51	0.14
1200mm 水平遮阳板		DF 22.01 16.61 11.21 5.81 0.41	4.44	659.34	0.64/17.87	0.15

再分别设定水平遮阳板外挑长度为 0、400、800、1200、1600、2000、2400、2800、3200mm。如图 5-10（c）所示，分别对以上不同情况进行模拟，得出室内采光情况统计见表 5-12。

表 5-12 水平遮阳板于窗口上沿 600mm 室内采光情况

遮阳板长度	平均采光系数（%）	平均照度（lx）	采光系数最小值（%）	采光系数最大值（%）	采光均匀度
无	3.83	517.05	0.37	16.75	0.09
400	5.41	803.39	0.67	21.70	0.12
800	4.94	733.59	0.70	19.51	0.14
1200	4.44	659.34	0.64	17.87	0.15
1600	4.03	598.46	0.64	16.41	0.16
2000	3.71	550.96	0.60	15.25	0.16
2400	3.48	516.78	0.52	14.48	0.15
2800	3.30	490.05	0.52	14.27	0.16
3200	3.17	470.75	0.48	13.41	0.15

由上表可得，室内采光标准变化趋势与表 5-2 相同，当小于 2800mm 时，可以满足采光设计标准，当大于 2800mm 时，室内采光系数已小于标准值，不能满足规范要求。

（3）水平遮阳对室内光环境影响的分析。

1）水平遮阳对室内光环境影响。根据模拟结果，分别比较水平遮阳板外挑不同尺寸时室内自然采光变化情况，依据表 5-1～表 5-11 中的平均采光系数数值，采用水平遮阳板后，建筑室内的平均采光系数值均有所下降，但是采光均匀值有所上升，说明采用水平遮阳板时，自然采光的分布比无遮阳时分布更加均匀。结合照度分布，改变水平遮阳外挑尺寸时室内照度的变化情况，最大照度位于窗口附近，增加水平遮阳外挑长度会使窗口近处照度下降，并且降幅较大，最小采光系数在房间深处下降幅度较小。说明水平遮阳板的外挑长度对建筑室内窗口近处影响较大，对远处影响较小。

针对水平遮阳板与外窗上沿的距离比较，通过以上模型计算数据绘制不同窗墙比室内采光变化曲线如图 5-11 所示，由图 5-11（d）得出水平遮阳当紧挨窗口上沿时，以本常用尺度为模型基础，采用水平遮阳外挑长度不宜大于 1600mm，当遮阳板距窗口上沿 600mm，水平遮阳外挑长度不宜大于 2400mm，水平遮阳外挑长度常用建筑设计尺度范围内，外挑长度尺寸均可满足采光标准要求。

图 5-11（a）和图 5-11（c）中三条不同距窗口位置的水平遮阳板的平均采光系数值曲线，可以分析得出遮阳板距窗口上沿越近，对室内采光影响越大，其平均采光系数及平均照度值越小，同时说明水平遮阳板距窗口越近，对采光的影响程度越大。

2）依据《建筑采光设计标准》对水平遮阳合理尺寸进行筛选。依据《建筑采光设计标准》（GB 50033—2013）中对办公建筑中办公房间的室内采光要求，其中规定在济南地区办公室采光系数，需满足采光系数标准值 3.3%，室内天然光照度标准值 450lx（如图 5-11 中红色虚线）。

由图 5-11（a）得出，当外窗的窗墙比为 0.42 时，窗口无遮阳时平均采光系数值为 3.83%，其比规范中要求的值仅高出 0.53%，这说明在日常建筑设计中，当取外窗面积最小值时，此时室内光环境质量仅比规范要求的稍好，以此窗墙比进行遮阳设计时，需要谨慎设计水平遮阳板外挑尺寸，由图 5-11（b）、图 5-11（d）得出当水平遮阳紧挨窗口上沿时，以本常用尺度为模型基础，采用水平遮阳外挑长度不宜大于 1600mm，当遮阳板距窗口上沿 600mm，水平遮阳外挑长度不宜大 2400mm，这是水平遮阳外挑长度常用建筑设计尺度范围内，外挑长度尺寸均可满足采光标准要求。

由图 5-11（b）平均采光照度得，当设计水平遮阳板紧挨窗口上沿时，需严格控制遮阳板的外挑长度，水平遮阳不宜超过 200mm，当设计水平遮阳板距窗口上沿距离增大时，水平遮阳板的外挑长度也可以相应调整增大。

当外窗窗墙比为 0.7 时，由图 5-11（c）平均采光系数值、图 5-11（d）得出当水平遮阳紧挨窗口上沿时，以本常用尺度为模型基础，采用水平遮阳外挑长度不宜大于 1600mm，当遮阳板距窗口上沿 600mm，水平遮阳外挑长度不宜大于 2400mm，水平遮阳外挑长度常用建筑设计尺度范围内，外挑长度尺寸均可满足采光标准要求。

由图 5-11（d）平均采光照度值得，此时外窗面积较大，其平均采光系数值较大，针对采光水平遮阳板外挑长度最大限值可以相应增大。

由图 5-11（d）得出水平遮阳当紧挨窗口上沿时，以本常用尺度为模型基础，采用水平遮阳外挑长度不宜大于 1600mm，当遮阳板距窗口上沿 600mm，水平遮阳外挑长度不宜大于 2400mm，水平遮阳外挑长度常用建筑设计尺度范围内，外挑长度尺寸均可满足采光标准要求。

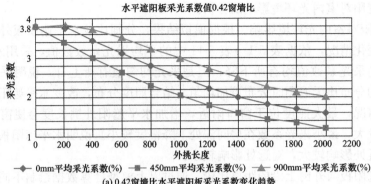

(a) 0.42窗墙比水平遮阳采光系数变化趋势

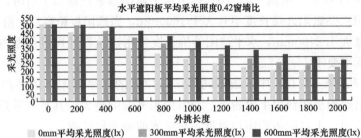

(b) 0.42窗墙比水平遮阳板采光照度变化趋势

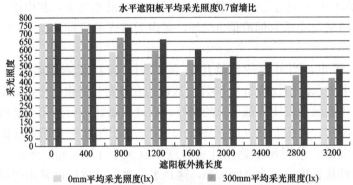

(c) 0.7窗墙比水平遮阳板采光系数变化趋势

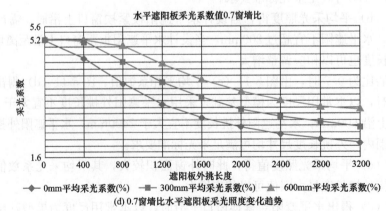

(d) 0.7窗墙比水平遮阳板采光照度变化趋势

图 5-11　不同窗墙比水平遮阳板采光照度及采光系数变化趋势

5.2.2 垂直遮阳

在建筑设计中垂直遮阳也往往作为建筑的装饰垂直线条，沿建筑整体竖直贯通。为深入研究基于采光的垂直遮阳板外挑限值，设定垂直遮阳板的高度与建筑房间层高相同为3300mm。模型根据外窗窗墙面积比最小值为 0.42、窗墙面积比最大值为 0.7 两种情况下，通过改变垂直遮阳板距外窗上沿距离及外挑长度进行模拟分析，从而得出不同情况下遮阳对室内采光的影响数值及变化规律。

（1）外窗窗墙比为 0.42。当窗墙比为 0.42 时，建筑模型中外窗上沿至同层建筑楼板的距离为 600mm。窗高 1.8m，窗宽 2.4m，窗左右两侧外沿距开间尽端 600mm。

通常建筑立面上设置水平遮阳构件时，其垂直遮阳板与窗上沿的位置一般分为三种情况，距离为 0，即是紧挨着窗户外沿；距离窗口外沿 300mm；距离窗口外沿为 600mm，如图 5-12 所示。分别对外墙外窗外沿设置的垂直遮阳板，按照遮阳板与窗外沿的距离不同，进行模拟计算，得出不同遮阳板外挑长度对应建筑室内采光的情况。

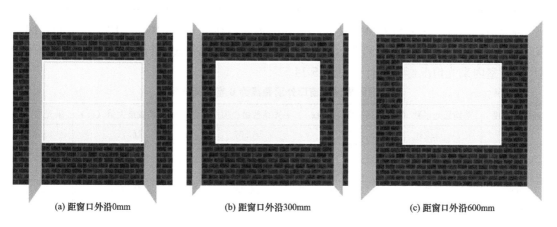

(a) 距窗口外沿0mm   (b) 距窗口外沿300mm   (c) 距窗口外沿600mm

图 5-12 模型垂直遮阳板设定距离

1）垂直遮阳板设置窗口外沿距离为 0。设定垂直遮阳板距窗口外沿为 0mm，改变垂直遮阳板外挑长度为 200、400、600mm。经模拟得出室内采光照度云图，室内平均采光系数、平均照度、采光系数最小值/最大值、采光均匀度情况，见表 5-13。

表 5-13　　　　　　　　　　　外挑长度 200、400、600mm 室内照度情况

外挑长度	建筑遮阳模型	采光系数照度云图	平均采光系数（%）	平均照度（lx）	采光系数最小值/最大值（%）	采光均匀度
200mm 垂直遮阳板		DF 15.58 11.70 7.82 3.94 0.06	3.66	494.1	0.38/15.62	0.10

外挑长度	建筑遮阳模型	采光系数照度云图	平均采光系数（%）	平均照度（lx）	采光系数最小值/最大值（%）	采光均匀度
400mm垂直遮阳板			3.44	464.4	0.37/14.34	0.11
600mm垂直遮阳板			3.27	441.45	0.35/13.31	0.11

再分别设定水平遮阳板外挑长度为0、200、400、600、800、1000、1200、1400、1600、1800、2000mm，如图5-12（a）所示，依次分别对以上不同情况进行模拟，得出设置不同外挑尺度对室内采光情况影响统计，见表5-14。

表5-14　　　　　　　　　　垂直遮阳板设置窗口外沿距离为0室内采光情况

遮阳板长度	平均采光系数（%）	平均照度（lx）	采光系数最小值（%）	采光系数最大值（%）	采光均匀度
无	3.83	517.05	0.37	16.75	0.09
200	3.66	494.10	0.38	15.62	0.10
400	3.44	464.40	0.37	14.34	0.11
600	3.27	441.45	0.35	13.31	0.11
800	3.11	419.85	0.33	12.36	0.11
1000	2.99	403.65	0.34	11.39	0.11
1200	2.80	378.00	0.32	11.02	0.12
1400	2.76	372.60	0.35	10.91	0.13
1600	2.63	355.05	0.29	10.40	0.11
1800	2.30	310.50	0.28	8.67	0.13
2000	2.17	292.95	0.24	8.41	0.11

由表5-14可得，随着垂直遮阳外挑长度增大，室内平均采光系数、采光照度、采光系数最小值、采光系数最大值均有所下降，采光均匀度在0.11左右变化。遮阳板外挑长度小于400时，可以满足采光设计标准，当大于600mm时室内采光系数已小于标准值，不能满足规范要求。根据室内采光情况，为分析室内照度的分布情况，改变不同垂直遮阳外挑长度，得出室内采光照度云图，如图5-13所示。由上图可看出，设置垂直外遮阳后，窗口近处与室内整体的照度几乎不变，垂直遮阳改变室内的采光照度的影响很弱，若采用垂直遮阳较易满足室内用户采光需求。

2）垂直遮阳板在距窗口外沿为300mm处设置。设定垂直遮阳板距窗口外沿为300mm，改变垂直遮阳板外挑长度为200、400、600mm。经模拟得出室内采光照度云图，室内平均采光系数、平均照度、采光系数最小值/最大值、采光均匀度情况，见表5-15。

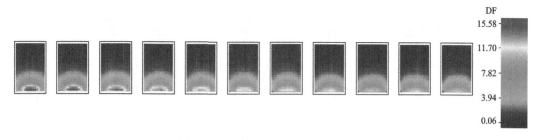

图 5-13　垂直遮阳室内照度变化情况

表 5-15　　　　　　　　　　　外挑长度 200、400、600mm 室内照度情况

外挑长度	建筑遮阳模型	采光系数照度云图	平均采光系数（%）	平均照度（lx）	采光系数最小值/最大值（%）	采光均匀度
200mm 垂直遮阳板			3.81	514.35	0.36/16.74	0.10
400mm 垂直遮阳板			3.74	504.9	0.39/15.94	0.11
600mm 垂直遮阳板			3.62	488.7	0.39/15.19	0.11

再分别设定水平遮阳板外挑长度为 0、200、400、600、800、1000、1200、1400、1600、1800、2000mm。如图 5-12（b）所示，依次分别对以上不同情况进行模拟，得出设置不同外挑尺度对室内采光情况影响，统计见表 5-16。

表 5-16　　　　　　　　垂直遮阳板设置窗口外沿距离为 300mm 室内采光情况

遮阳板长度	平均采光系数（%）	平均照度（lx）	采光系数最小值（%）	采光系数最大值（%）	采光均匀度
无	3.83	517.05	0.37	16.75	0.09
200	3.81	514.35	0.36	16.74	0.10
400	3.74	504.90	0.39	15.94	0.11
600	3.62	488.70	0.39	15.19	0.11
800	3.50	472.50	0.38	14.20	0.11

遮阳板长度	平均采光系数（%）	平均照度（lx）	采光系数最小值（%）	采光系数最大值（%）	采光均匀度
1000	3.40	459.00	0.36	13.46	0.11
1200	3.30	445.50	0.35	13.17	0.10
1400	3.22	434.70	0.37	12.92	0.11
1600	3.14	423.90	0.33	12.50	0.10
1800	3.09	417.15	0.31	12.02	0.10
2000	3.04	410.40	0.33	11.90	0.11

由上表可得，室内采光标准变化趋势与表 5-14 相同，遮阳板外挑长度为 200mm 时，室内光环境与无遮阳时相比基本无变化，说明此长度时对室内采光几乎无影响，当小于1200mm 时，可以满足采光设计标准，当大于1200mm 时，室内采光系数已小于标准值，不能满足规范要求。

3）垂直遮阳板在距窗口外沿为 600mm 处设置。设定垂直遮阳板距窗口外沿为 600mm，改变垂直遮阳板外挑长度为 200、400、600mm。经模拟得出室内采光照度云图，室内平均采光系数、平均照度、采光系数最小值/最大值、采光均匀度情况，见表 5-17。

表 5-17　　　　　　　　　　外挑长度 200、400、600mm 室内照度情况

外挑长度	建筑遮阳模型	采光系数照度云图	平均采光系数（%）	平均照度（lx）	采光系数最小值/最大值（%）	采光均匀度
200mm 垂直遮阳板			3.81	514.35	0.36/16.74	0.10
400mm 垂直遮阳板			3.8	513	0.37/16.54	0.11
600mm 垂直遮阳板			3.76	507.6	0.36/16.24	0.13

再分别设定水平遮阳板外挑长度为 0、200、400、600、800、1000、1200、1400、1600、1800、2000mm。如图 5-12（c）所示，依次分别对以上不同情况进行模拟，得出设置不同外挑尺度对室内采光情况影响，统计见表 5-18。

表 5-18　　　　　**垂直遮阳板设置窗口外沿距离为 600mm 室内采光情况**

遮阳板长度	平均采光系数（%）	平均照度（lx）	采光系数最小值（%）	采光系数最大值（%）	采光均匀度
无	3.83	517.05	0.37	16.75	0.09
200	3.82	515.70	0.38	17.15	0.10
400	3.80	513.00	0.37	16.54	0.10
600	3.76	507.60	0.36	16.24	0.10
800	3.68	496.80	0.37	15.20	0.10
1000	3.61	487.35	0.39	14.97	0.11
1200	3.55	479.25	0.38	14.52	0.11
1400	3.48	469.80	0.40	14.15	0.12
1600	3.42	461.70	0.36	13.76	0.10
1800	3.37	454.95	0.36	13.54	0.11
2000	3.32	448.20	0.36	13.53	0.11

由表 5-18 可得，室内采光标准变化趋势与表 5-14 相同，遮阳板外挑长度为 200mm 时，室内光环境与无遮阳时相比基本无变化，说明此长度时对室内采光几乎无影响，当小于等于 1800mm 时，可以满足采光设计标准，当大于 2000mm 时，室内采光系数已小于标准值，不能满足规范要求。

（2）外窗窗墙比为 0.7。当窗墙比为 0.7 时，建筑模型中外窗上沿至同层建筑楼板的距离为 600mm。窗高 1.8m，窗宽 3.0m，窗左右两侧外沿距开间尽端 600mm。

通常此种情况时窗户类型一般为玻璃幕墙，此类幕墙建筑设置垂直遮阳时，可以增加遮阳板个数。外挑长度分三种情况 200、400、600mm，如图 5-14 所示。按照遮阳板设置个数的不同，使用 Design Builder 进行模拟计算，得出建筑室内采光的情况。

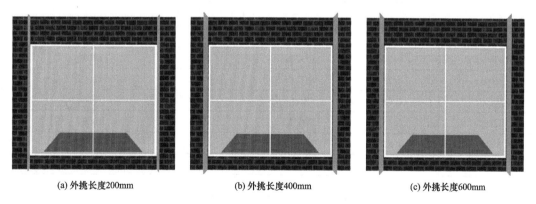

(a) 外挑长度200mm　　　　　(b) 外挑长度400mm　　　　　(c) 外挑长度600mm

图 5-14　模型垂直遮阳板设定外挑长度

1）垂直遮阳板外挑长度为 200mm。设定垂直遮阳板外挑长度为 200mm，改变垂直遮阳板个数为 2、3、4。经 Design Builder 模拟，得出室内平均采光系数、平均照度、采光系数最小值/最大值、采光均匀度情况，见表 5-19。

表 5-19   遮阳板个数为 2、3、4 室内照度情况

遮阳板间距 mm/个数	建筑遮阳模型	采光系数照度云图	平均采光系数（%）	平均照度（lx）	采光系数最小值/最大值（%）	采光均匀度
3000/2			4.973	671.355	0.936/19.703	0.188
1500/3			4.793	647.055	0.915/19.024	0.191
1000/4			4.605	621.675	0.888/17.883	0.193

　　再分别设定水平遮阳板个数为 5、6、7、8、9、10、11、12。如图 5-14（a）所示，依次分别对以上不同情况进行模拟，得出设置不同外挑尺度对室内采光情况影响，统计见表 5-20。

表 5-20   东、西向垂直遮阳板外挑长度为 200mm 室内采光情况

遮阳板间距 mm/个数	平均采光系数（%）	平均采光照度（lx）	采光系数最小值（%）	采光系数最大值（%）	均匀度
无	3.83	517.05	0.37	16.75	0.09
3000/2	4.97	671.36	0.94	19.70	0.19
1500/3	4.79	647.06	0.92	19.02	0.19
1000/4	4.61	621.68	0.89	17.88	0.19
750/5	4.44	599.13	0.86	16.90	0.19
600/6	4.23	571.59	0.83	15.85	0.20
500/7	4.04	545.81	0.81	15.06	0.20
430/8	3.84	518.40	0.77	13.82	0.20
375/9	3.63	490.46	0.71	12.35	0.20
333/10	3.42	462.11	0.70	11.61	0.20
300/11	3.30	445.77	0.64	11.08	0.19
270/12	3.14	423.90	0.66	10.93	0.21

　　由表 5-20 可得，室内采光标准变化趋势与表 5-14 相同，遮阳板间距为 3000mm，即 2 个时，室内光环境与无遮阳时相比基本无变化，说明此间距对室内采光几乎无影响，当间距大

于等于 300mm，遮阳板个数多于 11 个时，可以满足采光设计标准，当小于 300mm 时，室内采光系数已小于标准值，不能满足规范要求。

2）垂直遮阳板外挑长度为 400mm。设定垂直遮阳板外挑长度为 400mm，改变垂直遮阳板个数为 2、3、4。经 Design Builder 模拟，得出室内平均采光系数、平均照度、采光系数最小值/最大值、采光均匀度情况，见表 5-21。

表 5-21　　　　　　　　　　遮阳板个数为 2、3、4 室内照度情况

遮阳板间距 mm/个数	建筑遮阳模型	采光系数照度云图	平均采光系数（%）	平均照度（lx）	采光系数最小值/最大值（%）	采光均匀度
3000/2			4.728	638.28	0.942/18.881	0.199
1500/3			4.366	589.41	0.902/17.560	0.207
1000/4			3.981	537.435	0.785/17.560	0.197

再分别设定水平遮阳板外挑长度为 5、6、7。如图 5-14（b）所示，依次分别对以上不同情况进行模拟，得出设置不同外挑尺度对室内采光情况影响，统计见表 5-22。

表 5-22　　　　　　东、西向垂直遮阳板外挑长度为 400mm 室内采光情况

遮阳板间距 mm/个数	采光照度系数（%）	平均采光照度系数（lx）	最小值（%）	最大值（%）	均匀度
无	3.83	517.05	0.37	16.75	0.09
3000/2	4.73	638.28	0.94	18.88	0.20
1500/3	4.37	589.41	0.90	17.56	0.20
1000/4	3.98	537.44	0.79	15.01	0.20
750/5	3.69	498.02	0.79	13.86	0.21
600/6	3.35	451.85	0.67	11.82	0.20
500/7	3.05	411.75	0.63	9.97	0.21

由 5-22 表可得，室内采光标准变化趋势与表 5-14 相同，遮阳板间距为 3000mm，即 2 个时，室内光环境与无遮阳时相比基本无变化，说明此间距对室内采光几乎无影响，当间距大

于等于 600mm，遮阳板个数多于 6 个时，可以满足采光设计标准，当小于 600mm 时，室内采光系数已小于标准值，不能满足规范要求。

3）垂直遮阳板外挑长度为 600mm。设定垂直遮阳板外挑长度为 600mm，改变垂直遮阳板个数为 2、3、4。经 Design Builder 模拟，得出室内平均采光系数、平均照度、采光系数最小值/最大值、采光均匀度情况，见表 5-23。

表 5-23　　　　　　　　　遮阳板个数为 2、3、4 室内照度情况

遮阳板间距 mm/个数	建筑遮阳模型	采光系数照度云图	平均采光系数（%）	平均照度（lx）	采光系数最小值/最大值（%）	采光均匀度
3000/2			4.506	608.31	0.902/17.950	0.200
1500/3			3.996	539.46	0.806/15.687	0.202
1000/4			3.515	474.525	0.731/13.282	0.208

再分别设定水平遮阳板个数为 5。如图 5-14（c）所示，依次分别对以上不同情况进行模拟，得出设置不同外挑尺度对室内采光情况影响，统计见表 5-24。

表 5-24　　　　　东、西向垂直遮阳板外挑长度为 600mm 室内采光情况

遮阳板间距（mm/个数）	采光照度系数（%）	平均采光照度系数（lx）	最小值（%）	最大值（%）	均匀度
无	3.83	517.05	0.37	16.75	0.09
3000/2	4.51	608.31	0.90	17.95	0.20
1500/3	4.00	539.46	0.81	15.69	0.20
1000/4	3.51	474.53	0.73	13.28	0.21
750/5	3.10	418.77	0.66	11.30	0.21

由表 5-24 可得，室内采光标准变化趋势与表 5-14 相同，遮阳板间距为 3000mm，即 2 个时，室内光环境与无遮阳时相比基本无变化，说明此间距对室内采光几乎无影响，当间距大于等于 1000mm，遮阳板个数多于 4 个时，可以满足采光设计标准，当小于 1000mm 时，室内采光系数已小于标准值，不能满足规范要求。

（3）垂直遮阳对室内光环境影响的分析。根据模拟结果，分别比较垂直遮阳板位于不同外挑长度时室内自然采光变化情况，依据表 5-13～表 5-24，采用垂直遮阳板后，建筑室内的平均采光系数值下降，但是采光均匀值基本保持不变，只有微小上升，说明采用垂直遮阳对于自然采光的均匀分布影响不大。根据表格中采光系数的数值结合照度分布，采用垂直遮阳后房间内部最大采光照度与最小采光照度在室内下降幅度几乎相同，这说明垂直遮阳板的外挑长度对建筑室内远近进深的采光影响程度几乎相同。

针对垂直遮阳板与外窗外沿的距离的采光情况比较，通过以上模型计算数据绘制不同窗墙比室内采光变化曲线图 5-15 所示，通过图 5-15（a）、（c）中三条采光系数值的曲线，可以分析得出垂直遮阳板距窗口外沿越近，对室内采光影响越大，其平均采光系数及平均照度值越小，也说明垂直遮阳板距窗口越近，对采光的影响程度越大。但是通过对比水平遮阳曲线由图 5-11（d）得出水平遮阳当紧挨窗口上沿时，以本常用尺度为模型基础采用水平遮阳外挑长度不宜大于 1600mm，当遮阳板距窗口上沿 600mm，水平遮阳外挑长度不宜大于 2400mm，水平遮阳外挑长度常用建筑设计尺度范围内，外挑长度尺寸均可满足采光标准要求。

可以发现垂直遮阳对比水平遮阳，随遮阳板距窗口距离的改变，垂直遮阳的采光系数值的变化趋势较平缓，说明垂直遮阳不如水平遮阳对建筑室内采光影响强烈。

依据《建筑采光设计标准》（GB 50033—2013）中对办公建筑中办公房间的室内采光要求，其中规定济南地区办公室采光系数，需满足采光系数标准值 3.3%，室内天然光照度标准值 450lx（如图 5-15 红色虚线）。

由图 5-15（a）平均采光系数值、图 5-15（b）平均采光照度值，当外窗的窗墙比为 0.42 时，以本模型为基础垂直遮阳距窗口外沿 0、300、600mm 时，外窗垂直遮阳板外挑长度需分别小于 600、1200、1600mm。

当外窗窗墙比为 0.7 时，由图 5-15（c）平均采光系数值、图 5-15（d）平均采光照度值，此时外窗面积较大，其平均采光系数值较大，针对采光水平遮阳板个数最大限值可以相应增大；由图 5-11（c）、（d）得出采用垂直遮阳时，当垂直遮阳板外挑长度为 200mm，以本常用尺度为模型基础垂直遮阳间距小于等于 600mm，均可满足室内采光要求，这说明垂直遮阳外挑长度在常用建筑设计尺度范围内，外挑遮阳板个数均可满足采光设计标准的要求。

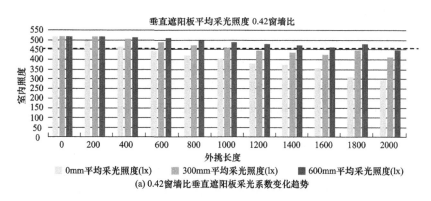

图 5-15　不同窗墙比采光照度及采光系数变化趋势（一）

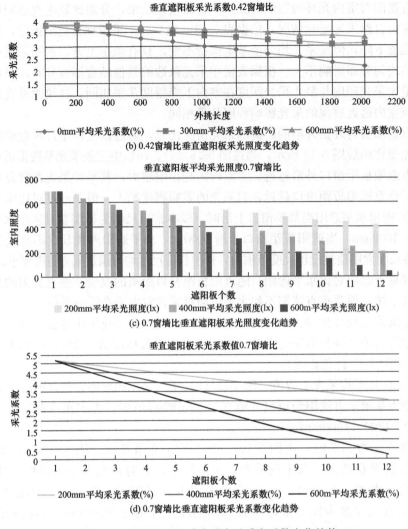

图 5-15　不同窗墙比采光照度及采光系数变化趋势

5.2.3　综合遮阳

综合遮阳往往应用于夏热冬暖地区，其夏季遮阳的效果较好，冬季得热效果较差，所以在寒冷地区应用较少。在建筑设计中，综合遮阳也会作为建筑的水平与垂直线条，形成现代建筑格构式装饰。在实际建筑中，综合遮阳往往采用两种形式，一种为在外窗边沿设置，一种结合建筑楼板、建筑内墙的结构结合设置。所以在针对综合遮阳的模型设定中，选择外窗边沿与结构边沿两种形式。

（1）外窗窗墙比为 0.42。当外窗窗墙比为 0.42，建筑模型中外窗外沿距房间外墙尽端为 600mm，外窗上沿距楼板处为 600mm。设定综合遮阳板距外窗外沿的距离分为两种情况，一种为水平遮阳板与垂直遮阳板距外窗外沿距离为 0，即是综合遮阳板沿窗口外沿设置；一种为水平遮阳板设置于楼板处，距窗口上沿 600mm；垂直遮阳板设置于内墙结构处，距窗口两侧边沿 600mm；如图 5-16 所示。

(a) 综合遮阳板距窗口外沿0mm　　　(b) 水平遮阳板距窗口600mm，垂直遮阳板距窗口600mm

图 5-16　综合遮阳板设定距离

1）综合遮阳板设置窗口外沿距离为 0。设定综合遮阳板距窗口外沿为 0mm，改变综合遮阳板外挑长度为 200、400、600mm。经模拟，得出室内采光照度云图，室内平均采光系数、平均照度、采光系数最小值/最大值、采光均匀度情况，见表 5-25。

表 5-25 　　　　　　　　　　**外挑长度 200、400、600mm 室内照度情况**

外挑长度	建筑遮阳模型	采光系数照度云图	平均采光系数（%）	平均照度（lx）	采光系数最小值/最大值（%）	采光均匀度
200mm 综合遮阳板		DF 14.33 10.76 7.19 3.62 0.05	3.31	446.85	0.37/14.24	0.10
400mm 垂直遮阳板		DF 14.33 10.76 7.19 3.62 0.05	2.76	372.6	0.33/11.64	0.12
600mm 垂直遮阳板		DF 14.33 10.76 7.19 3.62 0.05	2.29	309.15	0.35/11.74	0.14

再分别设定水平遮阳板外挑长度为 0、200、400、600、800、1000、1200、1400、1600、1800、2000mm。如图 5-16（a）所示，分依次分别对以上不同情况进行模拟，得出设置不同外挑尺度对室内采光情况影响，统计见表 5-26。

表 5-26   综合遮阳板距窗口外沿 0mm 室内采光情况

遮阳板长度	平均采光系数（%）	平均照度（lx）	采光系数最小值（%）	采光系数最大值（%）	采光均匀度
无	3.83	517.05	0.37	16.75	0.09
200	3.31	446.85	0.37	14.24	0.11
400	2.76	372.60	0.33	11.64	0.12
600	2.29	309.15	0.32	9.26	0.14
800	1.91	257.85	0.13	7.46	0.07
1000	1.60	216.00	0.05	5.89	0.03
1200	1.34	180.90	0.05	4.83	0.04
1400	1.13	152.55	0.04	3.78	0.03
1600	0.96	129.60	0.04	3.32	0.04
1800	0.83	112.05	0.03	2.69	0.04
2000	0.72	97.20	0.02	2.36	0.03

由表 5-26 可得，随着综合遮阳外挑长度增大，室内平均采光系数、采光照度、采光系数最小值、采光系数最大值均有所下降，采光均匀度在外挑长度 600mm 时最高到 0.14。遮阳板外挑长度小于 200mm 时，可以满足采光设计标准，当大于 200mm 时，室内采光系数已小于标准值，不能满足规范要求。

根据室内采光情况，为分析室内照度的分布情况，改变不同垂直遮阳外挑长度，得出室内采光照度云图（图 5-17）。

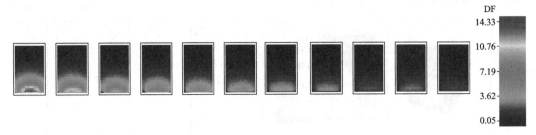

图 5-17　综合遮阳室内照度变化情况

由图 5-17 可看出，设置综合遮阳后，窗口处的照度大大降低，室内整体照度会随之大幅降低，外挑长度过长时很难满足室内用户采光需求。

2）综合遮阳板设置在建筑楼板与内墙结构处。设定综合遮阳板的水平遮阳板距窗口外沿为 900mm，垂直遮阳板距窗口外沿 500mm，改变综合遮阳板外挑长度为 200、400、600mm。经 Design Builder 模拟，得出室内采光照度云图，室内平均采光系数、平均照度、采光系数最小值/最大值、采光均匀度情况，见表 5-27。

表 5-27   外挑长度 200、400、600mm 室内照度情况

外挑长度	建筑遮阳模型	采光系数照度云图	平均采光系数（%）	平均照度（lx）	采光系数最小值/最大值（%）	采光均匀度
200mm 综合遮阳板			3.81	514.35	0.36/16.74	0.10

续表

外挑长度	建筑遮阳模型	采光系数照度云图	平均采光系数（%）	平均照度（lx）	采光系数最小值/最大值（%）	采光均匀度
400mm综合遮阳板			3.02	407.7	0.34/13.44	0.11
00mm综合遮阳板			2.67	360.45	0.35/11.74	0.13

再分别设定水平遮阳板外挑长度为 0、200、400、600、800、1000mm。如图 5-17（b）所示，分别对以上不同情况进行模拟，得出室内采光情况统计见表 5-28。

表 5-28　　　　　　　　　　综合遮阳板设置建筑楼板与内墙结构处

遮阳板长度	平均采光系数（%）	平均照度（lx）	采光系数最小值（%）	采光系数最大值（%）	采光均匀度
无	3.83	517.05	0.37	16.75	0.09
200	3.82	515.70	0.38	17.02	0.10
400	3.69	498.15	0.38	15.44	0.10
600	3.41	460.35	0.38	13.28	0.11
800	3.11	419.85	0.27	11.27	0.09
1000	2.77	373.95	0.20	9.52	0.07
1200	2.46	332.10	0.06	8.21	0.03
1400	2.16	291.60	0.03	7.12	0.01
1600	1.91	257.85	0.05	6.00	0.03
1800	1.68	226.80	0.07	5.14	0.04
2000	1.48	199.80	0.06	4.56	0.04

（2）外窗窗墙比为 0.7。当外窗窗墙比为 0.7，建筑模型中外窗外沿距房间外墙尽端为 500mm，外窗上沿距楼板处为 900mm。设定综合遮阳板距外窗外沿的距离分为两种情况，一种为水平遮阳板与垂直遮阳板距外窗外沿距离为 0，即是综合遮阳板沿窗口外沿设置；一种为水平遮阳板设置于楼板处，距窗口上沿 600mm；垂直遮阳板设置于内墙结构处，距窗口两侧边沿 350mm；如图 5-18 所示。

1）综合遮阳板设置窗口外沿距离为 0。设定综合遮阳板距窗口外沿为 0mm，改变综合遮阳板外挑长度为 400、800、1200mm。经 Design Builder 模拟，得出室内采光照度云图，室内平均采光系数、平均照度、采光系数最小值/最大值、采光均匀度情况，见表 5-29。

再分别设定水平遮阳板外挑长度为 0、400、800、1200、1600、2000mm。如图 5-18（a）所示，依次分别对以上不同情况进行模拟，得出设置不同外挑尺度对室内采光情况影响，统计见表 5-30。

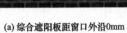

(a) 综合遮阳板距窗口外沿0mm   (b) 水平遮阳板距窗口600mm，垂直遮阳板距窗口350mm

图 5-18　综合遮阳板设定距离

表 5-29　　　　　　　　　　　外挑长度 400、800、1200mm 室内照度情况

外挑长度	建筑遮阳模型	采光系数照度云图	平均采光系数（%）	平均照度（lx）	采光系数最小值/最大值（%）	采光均匀度
200mm综合遮阳板			3.73	553.905	0.36/16.74	0.10
800mm综合遮阳板			2.69	399.465	0.34/13.44	0.11
1200mm综合遮阳板			1.96	291.06	0.35/11.74	0.13

表 5-30　　　　　　　　　综合遮阳板距窗口外沿 0mm 室内采光情况

遮阳板长度	平均采光系数（%）	平均采光照度（lx）	采光系数最小值（%）	采光系数最大值（%）	均匀度
0	3.83	517.05	0.37	16.75	0.09
400	3.73	553.91	0.42	17.06	0.11
800	2.69	399.47	0.38	12.11	0.14
1200	1.96	291.06	0.32	8.57	0.16
1600	1.47	218.30	0.25	6.22	0.17
2000	1.13	167.81	0.19	4.53	0.17

　　2）综合遮阳板设置在建筑楼板与内墙结构处。设定综合遮阳板的水平遮阳板距窗口外沿为 600mm，垂直遮阳板距窗口外沿 350mm，设定综合板长度为 400、800、1200mm。经 Design Builder 模拟，得出室内采光照度云图，室内平均采光系数、平均照度、采光系数最小值/最大值、采光均匀度情况，见表 5-31。

　　再分别设定水平遮阳板外挑长度为 0、400、800、1200、1600、2000mm，依次分别对以上不同情况进行模拟，得出设置不同外挑尺度对室内采光情况影响，统计见表 5-32。

　　（3）综合遮阳对室内光环境影响的分析。根据模拟结果，分别比较综合遮阳板位于不同间距时室内自然采光变化情况，依据表 5-19 和表 5-20，采用综合遮阳板后，建筑室内的平均采光系数值出现大幅下降，但是采光均匀值也有较大幅度的上升，采用综合遮阳比单独采用水平遮阳、垂直遮阳更易提高室内自然采光的均匀分布，但是整体光环境会大幅降低。根据表格中采光系数的数值结合照度分布图可看出，设置综合遮阳后，窗口处的照度大大降低，室内整体照度会随之大幅降低，外挑长度过长时很难满足室内用户采光需求。

表 5-31　　　　　　　　　外挑长度 400、800、1200mm 室内照度情况

外挑长度	建筑遮阳模型	采光系数照度云图	平均采光系数（%）	平均照度（lx）	采光系数最小值/最大值（%）	采光均匀度
400mm 综合遮阳板			5.03	746.955	0.36/16.74	0.10
800mm 综合遮阳板			4.8	712.8	0.34/13.44	0.11
1200mm 综合遮阳板			3.99	592.515	0.35/11.74	0.13

表 5-32　　　　　　　　　综合遮阳板设置建筑楼板与内墙结构处

遮阳板长度	采光照度系数（%）	平均采光照度系数（lx）	最小值（%）	最大值（%）	均匀度
0	3.83	517.05	0.37	16.75	0.09
400	4.80	712.80	0.54	19.81	0.11
800	3.99	592.52	0.48	15.47	0.12
1200	3.18	472.23	0.49	11.98	0.15
1600	2.50	371.25	0.43	8.93	0.17
2000	1.98	294.03	0.41	6.98	0.21

采用综合遮阳后，房间内部最小采光系数下降幅度较小，最大采光系数下降幅度较大，这说明综合遮阳板的外挑长度对建筑室内窗口处的采光情况影响较大，对于室内深处的影响较小。

针对综合遮阳板与外窗外沿的距离的采光情况比较，通过以上模型计算数据绘制不同窗墙比室内采光变化曲线图 5-19，通过图 5-19（a）、（c）图中两条采光系数值的曲线，可以分析得出综合遮阳板距窗口外沿越小，对室内采光影响越大，其平均采光系数及平均照度值越小，也说明综合遮阳板距窗口越近，对采光的影响程度越大。通过对比，可以发现综合遮阳比水平遮阳、垂直遮阳更易改变室内光环境。

依据《建筑采光设计标准》（GB 50033—2013）中对办公建筑中办公房间的室内采光要求，其中规定在济南地区办公室采光系数，需满足采光系数标准值 3.3%，室内天然光照度标准值 450lx（如图 5-19 红色虚线）。

由图 5-19（a）平均采光系数值、图 5-19（b）平均采光照度值，当外窗的窗墙比为 0.42 时，外窗综合遮阳板外挑长度需小于 200mm；故建筑设计中应尽量避免综合遮阳板于窗口外沿设置。当综合遮阳设置于楼板与内墙结构处，外窗综合遮阳板外挑长度需小于 600mm，在实际建筑设计中，有较多办公建筑采用于楼板与内墙结合处做综合遮阳设计，其优点是可以提高室内的采光均匀度，但应需注意综合遮阳的外遮阳板的外挑长度限值，综合遮阳板的外挑不宜过大，需满足《建筑采光设计标准》。

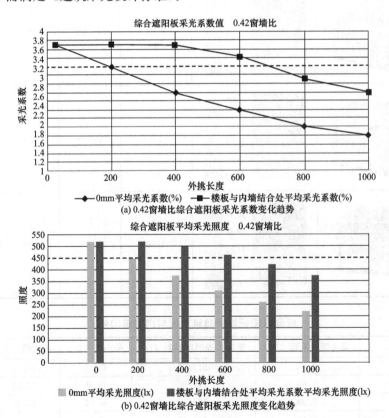

图 5-19 不同窗墙比室内采光变化曲线（一）

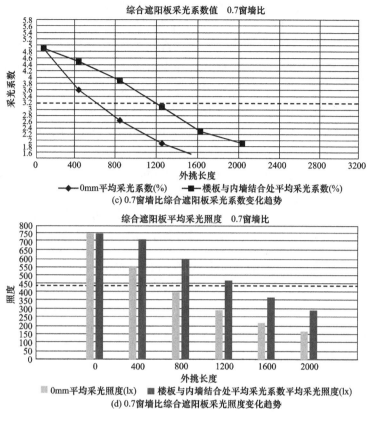

图 5-19 不同窗墙比室内采光变化曲线（二）

当外窗窗墙比为 0.7 时，此时外窗面积较大，采用综合遮阳板后，其室内采光系数大幅下降，以本模型为基础，当综合遮阳板位于窗口外沿时，外挑长度不应超过 500mm，当综合遮阳板位于楼板与内墙结合处时，外挑长度不应超过 1000mm。

5.2.4 百叶遮阳

百叶遮阳类型可包括多种的叶片式遮阳构件，如金属百叶遮阳、金属格珊遮阳、金属机翼遮阳等。在寒冷地区应用可调节百叶遮阳具有较多好处，既可以保证夏季最大化遮阳，也可以在冬季通过遮阳调节来保证获取更多的太阳辐射热。本节主要研究百叶遮阳对建筑室内光环境的影响，主要为两方面，第一是分析活动百叶倾角对室内采光的影响，以模拟可调节外遮阳的叶片角度变化，分析有益室内采光的最佳倾角范围；第二是分析百叶叶片间距对采光的影响，以分析合理的百叶叶片间距与数量对建筑室内采光影响。本节中主要分析百叶对室内采光的影响，为保证采光易于满足建筑采光设计标准，因此选用外窗最大值，即外窗面积占窗墙比 0.7 的建筑模型。在实际建筑设计中，百叶长度一般为建筑开间宽度，设定百叶长度为 3600mm。

（1）活动百叶倾角对采光的影响。设定模型数值，当外窗窗墙比为 0.7 时，设定百叶遮阳叶片间距 300mm，叶片数量 8 片，叶片宽度 200mm，实际情况中百叶一般为向下开启，故设定百叶叶片角度为 0、10°、20°、30°、40°、50°、60°，依次分别对以上不同情况进行模拟，得到设置不同角度对室内采光情况影响，统计如图 5-20 和表 5-33。

（2）百叶叶片与间距对采光的影响。设定模型数值，当外窗窗墙比为 0.7 时，由遮阳百叶模拟可得倾角为 0 时，室内采光情况最佳，故设定百叶叶片倾角为 0，叶片宽度 200mm，设定百叶叶片百叶遮阳叶片间距为 100mm（24 片），150mm（16 片），200mm（12 片），250mm（10 片），300mm（8 片），350mm（7 片），400mm（6 片），如图 5-21 所示，依次分别对以上不同情况进行模拟，经 Design Builder 模拟计算，设置不同外挑尺度叶片间距对室内采光情况影响，统计见表 5-34。

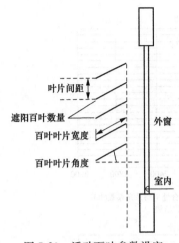

图 5-20　活动百叶参数设定

表 5-33　　　　　　　　　　　　不同活动百叶倾角室内采光情况

遮阳叶片角度（°）	采光系数（%）	平均采光照度（lx）	最小值（%）	最大值（%）	均匀度
0	3.83	517.05	0.37	16.75	0.09
10	2.59	384.62	0.34	8.98	0.13
20	2.22	329.67	0.28	7.66	0.13
30	1.91	283.64	0.23	6.84	0.12
40	1.72	255.42	0.19	7.12	0.11
50	1.54	228.69	0.11	6.46	0.07
60	1.47	218.30	0.05	5.99	0.03

表 5-34　　　　　　　　　　　　不同百叶间距室内采光情况

遮阳叶片间距	平均采光系数（%）	平均采光照度（lx）	采光系数最小值（%）	采光系数最大值（%）	均匀度
100	1.18	175.23	0.14	4.72	0.12
150	1.72	255.42	0.27	5.87	0.15
200	2.22	329.67	0.39	7.40	0.17
250	2.63	390.56	0.37	9.07	0.14
300	2.98	442.53	0.38	9.98	0.13
350	3.24	481.14	0.43	11.12	0.13
400	3.47	515.30	0.44	12.29	0.13

（3）百叶遮阳对室内光环境影响的分析。根据模拟结果，本节以最大窗面积为例，采用百叶遮阳板后，建筑室内的平均采光系数值会出现大幅下降。而应用百叶遮阳的不同角度值，分别比较百叶遮阳板的不同角度，室内自然采光变化情况，依据图 5-21 在 0~40°范围内，每降低 10°，室内最大采光系数、最小采光系数、平均采光系数、均出现小幅度的降低，室内采光均匀度也同幅度降低；在 40°~60°范围呢，每降低 10°，室内采光均匀度出现大幅度降低。说明改变百叶遮阳角度，可以使室内光环境进行同步减弱，当遮阳百叶在 40°以上时，对室内光环境影响较大，很难保证室内光环境质量。通过改变遮阳百叶的间距，室内光环境也会随之发生变化。根据表格中采光系数的数值结合照度分布图，当百叶的间距为 100~

400mm 范围内，室内最大采光系数、最小采光系数、平均采光系数均为小幅度上升，而采光均匀度先上升后下降，在 200mm 时均匀度最大。说明采用百叶遮阳后，可以优化房间内部的采光照度的均匀度，当采用适宜的间距时，百叶遮阳可以得到较好的采光均匀度。

依据《建筑采光设计标准》（GB 50033—2013）中对办公建筑中办公房间的室内采光要求，百叶遮阳较难满足办公房间的采光要求，当外窗采用最大窗墙比为 0.7 时，以本模型为基础，应用采光情况最佳百叶的倾角 0，只有百叶叶片间距大于 300mm 时，才能满足室内采光要求，在实际设计中，需要根据实际情况选用合适百叶遮阳参数。

5.2.5　遮阳优化设计策略

通过以上典型外遮阳的模型，不同遮阳形式对室内采光的已有模型模拟，能得出不同遮阳构件参数变化下，外遮阳对室内自然采光的变化规律，可以总结出不同遮阳形式对室内自然采光的优化设计策略。

遮阳构件对建筑的自然采光的优化设计主要体现在：改变自然采光的方向，使光线可以到达照明不足的区域；提高工作区域的自然光照度水平；提高视觉舒适度，改善眩光控制；达到建筑遮阳和热量控制的效果。但同时也存在室内照度均匀性还不够、进深方向照度衰减过大、存在眩光等。此时，采取遮阳反光板可以有助于进一步解决上述问题，改善室内自然光环境。

（1）基于水平遮阳对室内采光的影响结果分析，可以得出水平遮阳板的设置可以大大降低采光系数最大值，从而减少室内眩光，且有利于提高室内采光的均匀度。但是其对室内采光薄弱区域的影响较小。通过改变水平遮阳板的构造设计和材料选用（例如增加导光板或选用高反射度的材料）的方式，提高建筑室内的采光系数值，以满足采光照度的需求。当建筑室内深处对采光要求较高时，可以通过改变遮阳构造及结合增强遮阳材料反射比来满足采光要求。遮阳板采用高反射比的金属材料制作，并与窗框结合设置，将遮阳板下移设置于窗户窗框中，此时将其作为反光遮阳板引导自然光最大化地反射入室内，如图 5-21（a）所示，而当建筑室内对遮阳需求相对较低而对照度均匀性要求较高时，可采用如图 5-21（b）所示，水平遮阳板结合高反射比材料，向室内倾斜一定角度，此时可以使室内顶棚接受自然光线折射，进而使室内采光均匀度得到大大提升，有效改善侧窗采光均匀度较低的弊端。

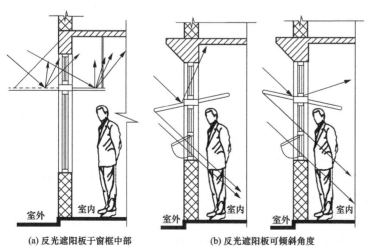

(a) 反光遮阳板于窗框中部　　　　(b) 反光遮阳板可倾斜角度　　　　(c) 反光遮阳板实景图

图 5-21　水平遮阳板置于窗框中部

水平外遮阳有利于室内采光的均匀度，对室内采光薄弱区域的影响较小。通过合理对遮阳板尺度进行选择，采用适宜的构造措施，结合实际情况选择遮阳材料，可以在满足照度需求的同时，减少眩光，提高建筑室内照度均匀度，使遮阳构件可以兼顾遮阳和采光的双重需求。

（2）通过垂直遮阳对室内采光的影响结果分析，可以得出垂直遮阳板的设置相比于水平遮阳板可以减少对室内采光的影响，相同尺度的水平外遮阳会对比垂直遮阳增加建筑内的照明能耗。当需要提高采光要求的朝向或是功能房间，可以优先选用垂直遮阳。

（3）通过综合遮阳对室内采光的影响结果分析，可以得出综合遮阳板的设置相比于水平遮阳、垂直遮阳更易降低室内光环境舒适度。虽然综合遮阳易提高室内整体的均匀度，但是其遮光能力较强，因此应结合室内功能需求确定外挑长度，以避免出现室内不满足建筑采光标准值的情况。并应使综合遮阳板远离外窗设置，以提高室内光环境的质量。由于相比于综合遮阳板的水平向遮阳板，垂直向遮阳板对建筑室内采光的影响较小。因而针对有综合遮阳的优化设计，主要通过优化水平遮阳优化设计方法，提高室内采光质量。

（4）通过百叶遮阳对室内采光的影响结果分析，可以得出设置百叶遮阳板相比于水平遮阳、垂直遮阳更易降低室内光环境舒适度，但是百叶遮阳板中会对建筑室内光环境影响的作用的参数较多，如叶片角度、叶片间距、叶片材料等。当建筑室内对采光要求较高时，百叶宜选用0°开启方式，此时，百叶叶片间距越大，室内的照度情况越好。但是由于叶片间距的扩大，室内近窗口处的照度值会急剧增加，使室内的照度均匀度先上升后降低，所以针对不同功能房间需选择不同的遮阳百叶参数。当建筑功能采光要求较低时，如商场、展览、陈列、书库等，可以控制遮阳板的角度，使其在40°以上的高角度，使建筑房间内具有较低照度值；当建筑功能采光要求较高时，如办公、设计、绘图室等，可以使遮阳板处于开启0°的情况，或可以通过提高遮阳材料的反射值，增大叶片距离等方式加大室内照度；当建筑功能对于采光照度均匀度有特殊采光要求时，宜采用200mm左右的遮阳叶片间距。

5.3 不同遮阳形式对建筑自然通风的影响分析

由于当外窗的窗墙比为0.7时，外窗面积较大，其有多种开窗形式，可模拟情况过多，所以这里选用外窗最小时，即占窗墙比0.42时的模型，选择三个房间的中间房间，分别以办公室内工作平面1.2m处的风速情况、窗口位置风速情况及办公室工作平面1.2m处的空气龄进行对比分析，说明遮阳构件对室内通风质量的影响程度。

5.3.1 水平遮阳

针对水平遮阳对室内通风的影响，选用采光模型中满足规范要求的水平遮阳板外挑限值进行模拟，选用设计中常用位置的水平遮阳板设计参数，即外窗窗墙比为0.42时，设置水平遮阳板距窗上沿的距离为到距离楼板600mm，此时外挑长度为800mm。建立此水平遮阳构件与基础建筑模型，依次设置基础模型、外遮阳构件、风速等具体的模型及网格划分见图5-22。模拟分析比较此水平遮阳对应建筑室内风环境情况。

（1）室内风速。设置水平遮阳构件后比较办公室内工作平面1.2m处的风速变化情况、窗口位置风速情况，通过PHOENICS模拟得室内风速云图［图5-23（a）（b）］、室内风速矢量图［图5-23（c）（d）］。

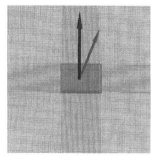
(a) X轴，Y轴平面网格划分

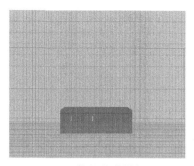
(b) Z轴平面网格划分

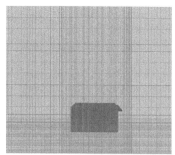
(c) Z轴平面网格划分

图 5-22　水平遮阳房间模型及网络划分

(a) 无遮阳室内风速云图　　　　　　　　　(b) 水平遮阳室内风速云图

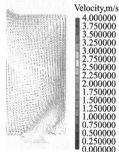

(c) 无遮阳室内风速矢量图　　　　　　　　(d) 水平遮阳室内风速矢量图

图 5-23　水平遮阳 1.2m 参考平面室内风速变化

　　首先比较室内的风速变化：窗口风速颜色从无遮阳时的 2.5m/s 变为 2m/s，说明设置水平遮阳板后窗口处的风速有一定的下降；通过风速矢量图对比，室内水平遮阳对风速的流向改变小，风速的朝向几乎不变，风场的分布基本一致。

　　（2）窗口风速。比较设置水平遮阳构件后办公室窗口中点剖面风速流向变化情况，通过模拟得到窗口中部剖面风速矢量图（图 5-24）。

　　比较室内窗口处剖面风速矢量图可知，无遮阳时，风聚集在窗口处进入室内，致使窗口风速变大，而设置水平遮阳板后，室外风向由于受到水平遮阳板的挤压有部分向上流动，从而使得房间内近地面处的空气速度有一定程度的降低。

　　（3）室内空气龄。比较设置水平遮阳构件后办公室内工作平面 1.2m 处的空气龄变化情况，通过 PHOENICS 模拟得室内空气龄云图（图 5-25）。

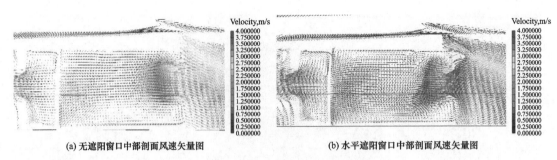

(a) 无遮阳窗口中部剖面风速矢量图　　　　　　　　(b) 水平遮阳窗口中部剖面风速矢量图

图 5-24　窗口中部剖面风速变化

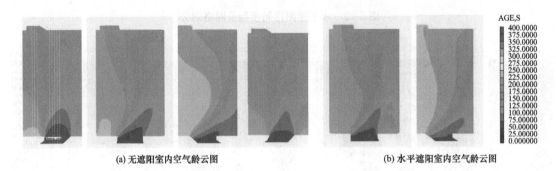

(a) 无遮阳室内空气龄云图　　　　　　　　　　　(b) 水平遮阳室内空气龄云图

图 5-25　水平遮阳 1.2m 参考平面室内空气龄变化

比较有无水平遮阳室内工作平面空气龄的变化，通过两图的对比可知，设置水平遮阳后，室内的空气龄云图变化不大，但是整体更加均匀，说明设置水平遮阳后空气龄较低，室内换气情况较好。

（4）水平遮阳对室内风环境影响的分析。

1）水平遮阳板可以使窗口处的风速有所下降，使房间进深区域得到略微增强。出现这种变化的原因是气流通过窗口进入建筑内部的阻力不同引起的。房间在窗口增加水平遮阳设施，对进入窗口的风存在着一定的阻挡作用，引起风速下降。

2）水平遮阳对风速的流向改变较小，风速的朝向几乎不变，其风场的分布基本一致，设置水平遮阳构件设施后，室内平均风速得到略微增加。

3）设置水平遮阳板后，室外风向由于受到水平遮阳板的挤压有部分向上流动，从而使得房间内近地面处的空气速度有一定程度的降低，室内风集中在剖面窗口高度处，降低了室内空气龄，对室内风环境具有一定的改善作用。

5.3.2　垂直遮阳

针对垂直遮阳对室内通风的模拟，选用采光模型满足规范要求的垂直遮阳板外挑限值进行模拟，选用设计中常用位置的垂直遮阳板设计参数，即窗墙比为 0.42 时，设定垂直遮阳板距离 500mm，即设置于内墙结构处。此时外挑长度限值为 1600mm。建立此垂直遮阳构件与基础建筑模型，依次设置基础模型、外遮阳构件、风速等具体的模型及网格划分见图 5-26，模拟分析比较此垂直遮阳对应建筑室内风环境情况。

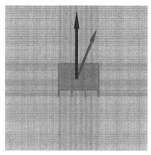
(a) X轴，Y轴平面网格划分

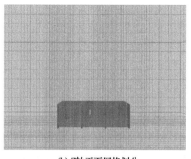
(b) Z轴平面网格划分

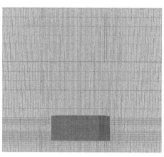
(c) Z轴平面网格划分

图 5-26 垂直遮阳房间模型及网格划分

（1）室内风速。比较设置垂直遮阳构件后办公室内工作平面 1.2m 处的风速变化情况、窗口位置风速情况，模拟得到室内风速云图［图 5-27（a）、（b）］风速矢量图［图 5-27（c）、（d）］。

比较室内工作平面风速云图和风速矢量图，发现两种遮阳状态下，房间的室内通风有一定的差异。

1）比较窗口处的风速变化，通过室内风速云图对比，风速从未设置外遮阳时的 2.5m/s 变为 2m/s。

2）设置垂直遮阳后，可以发现室内风的走向有明显变化，垂直遮阳板改变了风的气流方向。

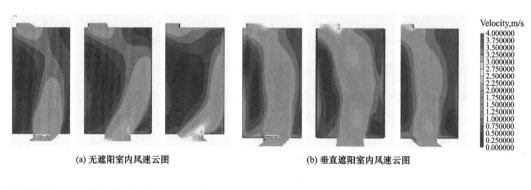

(a) 无遮阳室内风速云图

(b) 垂直遮阳室内风速云图

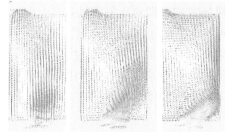
(c) 无遮阳室内风速矢量图

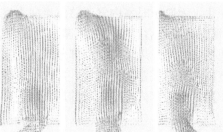
(d) 垂直遮阳室内风速矢量图

图 5-27 垂直遮阳 1.2m 参考平面室内风速变化

（2）窗口风速。比较设置垂直遮阳构件后办公室窗口中点剖面风速流向变化情况，模拟得到窗口中部剖面风速矢量图（图 5-28）。

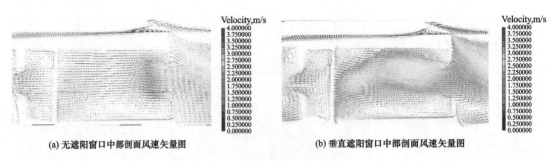

(a) 无遮阳窗口中部剖面风速矢量图　　　　　　(b) 垂直遮阳窗口中部剖面风速矢量图

图 5-28　窗口中部剖面风速变化

比较室内窗口处剖面风速矢量图可知，设置垂直遮阳板后，通过窗口进入建筑的气流受到垂直遮阳板的引导，使窗口处截面的风速增大。

（3）室内空气龄。比较设置垂直遮阳构件后办公室内工作平面 1.2m 处的空气龄变化情况，模拟得到室内空气龄云图（图 5-29）。

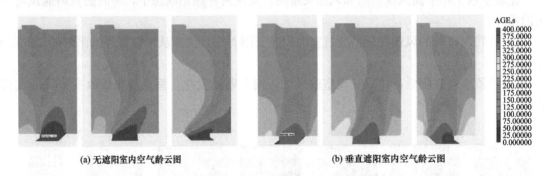

(a) 无遮阳室内空气龄云图　　　　　　(b) 垂直遮阳室内空气龄云图

图 5-29　垂直遮阳 1.2m 参考平面室内空气龄变化

比较室内工作平面空气龄的变化，通过两图的对比可知，设置垂直遮阳后，室内空气龄小于 150s 的区域变大，室内东半部分的工作平面相对于无遮阳时空气龄时间加长，但室内空气龄均匀度得到提高。

（4）垂直遮阳对室内风环境影响的分析。

1）当采用垂直遮阳时，会使窗口处的风速下降，室内工作区的风速得到提高，风场流向发生明显变化，无遮阳时室内气流总体走向为室外风场方向，即西南偏南风向。

2）设置垂直遮阳板后，室内气流基本为正南方向，这是由于设置垂直遮阳板后，西侧的垂直遮阳板挡住左侧来风，阻止一部分气流流向室内，而东侧的遮阳板作为了导风板，引导来风进入室内，提高了室内的风速，并改变了风场流向，这也说明垂直遮阳板具有明显的阻风、导风作用，对于室内工区区域的风环境同样具有较为明显的改善作用。

5.3.3　综合遮阳

针对综合遮阳对室内通风的模拟，选用采光模型满足规范要求的综合遮阳板外挑限值进行模拟，选用设计中常用位置的综合遮阳板设计参数，即窗墙比为 0.42 时，设定其中水平遮阳板设置于楼板处，距窗口上沿 600mm；垂直遮阳板设置于内墙结构处，距窗口两侧边沿 600mm。此时外挑长度限值为 600mm。建立此综合遮阳构件与基础建筑模型，依次设置基础模型、外遮阳构件、风速等具体的模型及网格划分见图 5-30。模拟分析比较此垂直遮阳对应建筑室内风环境情况。

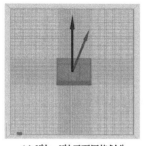
(a) X轴，Y轴平面网格划分

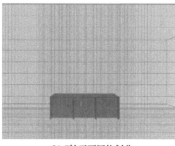
(b) Z轴平面网格划分

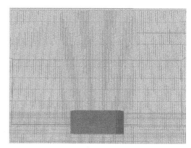
(c) Z轴平面网格划分

图 5-30　综合遮阳房间模型及网格划分

（1）室内风速。比较设置综合遮阳构件后办公室内工作平面 1.2m 处的风速变化情况、窗口位置风速情况，模拟得到室内风速云图 ［图 5-31（a）、（b）］、室内风速矢量图 ［图 5-31（c）、（d）］。

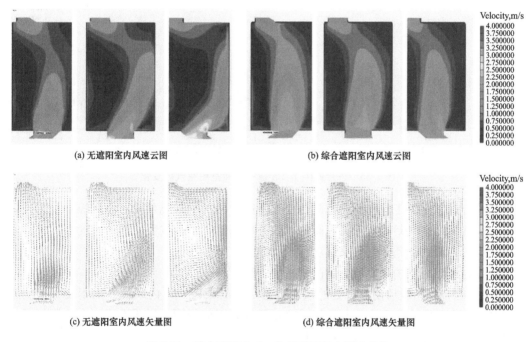
(a) 无遮阳室内风速云图　　　　　　　　(b) 综合遮阳室内风速云图

(c) 无遮阳室内风速矢量图　　　　　　　(d) 综合遮阳室内风速矢量图

图 5-31　综合遮阳 1.2m 参考平面室内风速变化

比较综合遮阳室内工作平面风速云图和风速矢量图，发现设置遮阳后，房间的室内通风情况有一定的差异，其风速云图、风速矢量图与垂直遮阳时情况比较相似。

1）比较窗口处的风速变化，通过室内风速云图对比，室内 2m/s 区域与 0.75m/s 区域的变化不大，平均风速基本不变。

2）设置综合遮阳后，发现室内风场气流有明显变化，综合遮阳改变了风的气流方向。

（2）窗口风速。比较设置综合遮阳构件后办公室窗口中点剖面风速流向变化情况，模拟得到窗口中部剖面风速矢量图（图 5-32）。

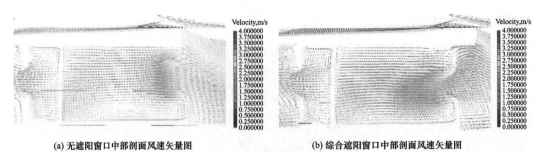

(a) 无遮阳窗口中部剖面风速矢量图　　　　　　　(b) 综合遮阳窗口中部剖面风速矢量图

图 5-32　窗口中部剖面风速变化

比较室内窗口处剖面风速矢量图可知，设置综合遮阳板后，室外风速由于垂直遮阳板的导向作用而被加快，使窗口处截面的新风大部分在工作平面 1.2m 高度风场处，室外风向由于受到水平遮阳板的导向作用而向上流动受到水平遮阳的阻流作用，风速有一定的减弱。

（3）室内空气龄。比较设置综合遮阳构件后办公室内工作平面 1.2m 处的空气龄变化情况，模拟得到室内空气龄云图（图 5-33）。

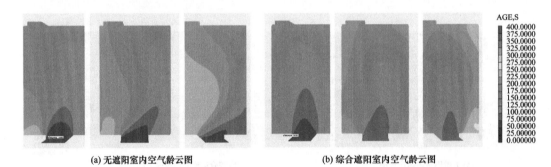

(a) 无遮阳室内空气龄云图　　　　　　　　(b) 综合遮阳室内空气龄云图

图 5-33　综合遮阳 1.2m 参考平面室内空气龄变化

比较综合遮阳室内工作平面空气龄的变化，通过两图的对比可知，设置综合遮阳后，室内工作平面整体的空气龄相对于无遮阳的时间有所降低，室内空气龄的均匀度也比无遮阳时更均匀，使得房间内部整体空气新鲜度得到提升。

（4）综合遮阳对室内风环境影响的分析。

1）设置综合遮阳板后使窗口处的风速也有一定的下降，室内风速基本不变，但明显改变了风场的方向，室内风场方向与设置垂直遮阳板时近似相同，说明设置综合遮阳板后，其改变水平风场流向的是两侧的垂直遮阳板。

2）设置综合遮阳板后，室内风速的均匀程度发生变化，风的气流在室内流速更加均匀，增加了室内风的流动的流畅度。对比综合遮阳板与水平遮阳板、垂直遮阳板的通风效果，设置综合遮阳板具有垂直遮阳与水平遮阳共同的改变效果。

5.3.4　百叶遮阳

针对百叶遮阳对室内通风的模拟，采用与室内采光模拟中基础条件相同的模型，由于百叶遮阳对于建筑采光影响较大，针对外窗墙比为 0.42，此工况很难满足规范要求的限值，所以此时选用模拟结果中对室内采光影响最佳的百叶遮阳板设计参数，设定百叶长度为建筑开间宽度，设定百叶长度为 3600mm，设定百叶距建筑外窗水平距离 300mm，设定百叶叶片角度为 0 度（即为全开启），叶片宽度 200mm，叶片间距为 200mm。建立此百叶遮阳构件与基础建筑模型，依次设置基础模型、外遮阳构件、风速等具体的模型及网格划分见图 5-34。

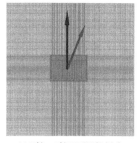
(a) X 轴，Y 轴平面网格划分

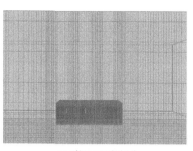
(b) Z 轴平面网格划分

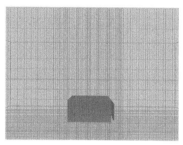
(c) Z 轴平面网格划分

图 5-34　百叶遮阳房间模型及网格划分

（1）室内风速。设置百叶遮阳构件后比较办公室内工作平面 1.2m 处的风速变化情况、窗口位置风速情况，模拟得到室内风速云图 [图 5-35 (a)、(b)]、室内风速矢量图 [图 5-35 (c)、(d)]。

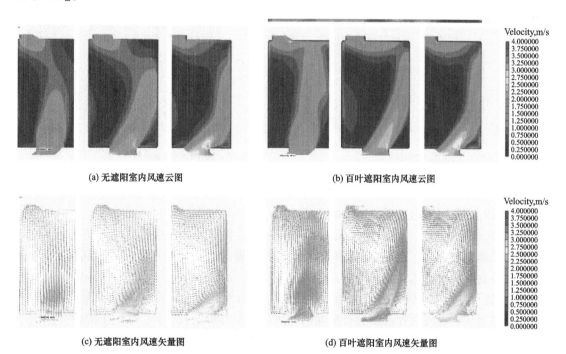

(a) 无遮阳室内风速云图　　　　　(b) 百叶遮阳室内风速云图

(c) 无遮阳室内风速矢量图　　　　(d) 百叶遮阳室内风速矢量图

图 5-35　百叶遮阳 1.2m 参考平面室内风速变化

设置百叶遮阳后，比较室内工作平面风速云图和风速矢量图，从以上风速图的对比发现百叶遮阳会使室内通风发生变化。

1）通过室内风速云图对比，窗口处风速基本不变，但室内北侧 2.25m/s 的风速区域变狭长，室内进深靠里位置风速变大。

2）设置百叶遮阳后，由室内风速矢量图，可以得出室内内部区域风的走向基本与无遮阳时相同。

（2）窗口风速。比较设置综合遮阳构件后办公室窗口中点剖面风速流向变化情况，分析模拟结果，可以看出设置百叶遮阳板后，室内风向整体流向与无遮阳时变化不大（图5-36）。

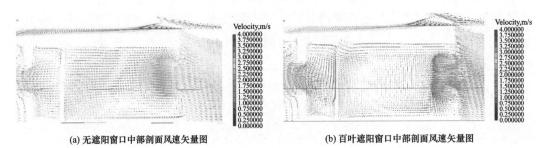

(a) 无遮阳窗口中部剖面风速矢量图　　　　　(b) 百叶遮阳窗口中部剖面风速矢量图

图5-36　窗口中部剖面风速变化

（3）室内空气龄。比较设置百叶遮阳构件后办公室内工作平面1.2m处的空气龄变化情况，分析模拟结果可以看出设置百叶遮阳后，室内工作平面整体的空气龄相对于无遮阳的时间有所升高，均匀度也比无遮阳时变差，室内换气效果减弱（图5-37）。

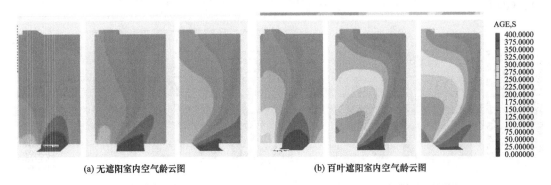

(a) 无遮阳室内空气龄云图　　　　　(b) 百叶遮阳室内空气龄云图

图5-37　百叶遮阳1.2m参考平面室内空气龄变化

（4）百叶遮阳对室内风环境影响的分析。

1）设置百叶遮阳板后窗口处的风速下降较大，设置百叶遮阳后，室内内部区域风的走向基本与无遮阳时相同，这是因为百叶遮阳的叶片设置为0°，即是水平叶片，其在房间外侧时，基本不会改变室外风气流的走向。

2）设置百叶遮阳会使室内空气龄大大增加，室内西向的工作平面相对于无遮阳时空气龄有较大的增加。设置百叶遮阳后对房间内的风环境整体影响较大，会使室内的平均风速下降，也增加室内的空气龄的时间，对室内通风状况产生一定的影响。

5.3.5　通风优化设计策略

通过以上典型遮阳形式对室内通风的模拟，能得出不同遮阳构件参数变化下，外遮阳对室内自然通风的变化规律，从而总结出不同遮阳形式的优化设计策略。

（1）对于水平外遮阳，构件的存在只是会略微影响窗口处的平均风速，对于室内整体的风场分布以及气流流向并没有明显的影响，因此在南向设置水平外遮阳构件时，并不需要将自然通风作为主要影响因素考虑在内。

（2）对于垂直外遮阳，设置构件后能够明显地影响进入室内的气流，进而影响室内平均风速以及流场分布，具有一定的阻风以导风作用，因此在布置垂直遮阳构件时，应当通过分析计算构件的外挑尺寸是否合理，将自然通风作为较为重要的影响因素进行分析。

（3）对于综合外遮阳，对室内自然通风状况起到明显影响的依然是垂直遮阳构件部分，因此在选用综合遮阳时，同样需要考虑构件对于自然通风的影响。

（4）百叶遮阳，当百叶全部打开时，构件对自然通风基本没有影响，随着角度的变化，进入室内的气流逐渐减少，气流方向也随之变化，由于遮阳百叶角度的变化会同时影响室内照度及自然通风状况，百叶遮阳也是较为灵活的遮阳形式，可以根据室内在不同采光及通风需求时任意调节百叶的角度。

基于以上分析，以办公建筑为例，设定办公房间基础模型，针对山东省多数地区采光及其自然通风条件，通过 Design Builder 对采用不同参数的各种遮阳方式进行自然采光模拟分析，分析了采用不同外遮阳方式时的室内自然采光情况，在此办公房间模型开间、进深、层高的参数基础条件下，在外窗面积最低值、最高值时，针对采光要求得出的遮阳板设计参数区间。而在推广的具体设计中，可以参考此结论，针对实际设计中所需要的采光要求，采用合理的遮阳板设计参数；通过 PHOENICS 对使用各种遮阳方式的典型参数进行自然通风模拟分析，总结出不同形式外遮阳对建筑室内风环境的影响，说明合理的遮阳选型不仅可以调节室内的自然采光情况，还可以根据办公区域的通风需求，起到改善室内自然通风状况的作用。

第6章　遮阳与建筑一体化设计方法研究

6.1　遮阳与建筑一体化设计概要

遮阳与建筑一体化的设计过程细密而烦琐，这是因为遮阳设计需要受到多种影响因素的制约。只有理解与掌握了遮阳与建筑一体化设计的影响因素和设计原则，才能提出适宜的遮阳与建筑一体化设计策略。因此，在进行遮阳与建筑一体化设计策略分析之前，首先应对遮阳与建筑一体化设计的影响因素和设计原则进行研究。

6.1.1　遮阳与建筑一体化设计的影响因素

遮阳与建筑一体化的设计主要受地域环境、文化美学、舒适性、科学技术等因素的影响。只有深入了解这些影响因素，才能准确把握设计脉络，从而为设计提供新颖的思路。

（1）地域环境因素。地域环境是指所处的地理位置以及与此相联系的各种自然条件的总和。各个地区由于所处经、纬度不同，与其地理位置相关联的各种自然条件，如气候、土地、河流、山脉、矿藏以及动植物资源等，也会存在较大差异。而在做建筑遮阳设计之时，首先需要考虑的即是当地的气候条件，如气压、日照、气温、降水等，因此，地域环境是直接影响各个地区对遮阳与建筑一体化的设计要求的首要因素。

（2）文化美学因素。文化美学是传统习俗、思维方式、生活方式、行为规范、文学艺术、价值观念等意识形态的延伸，遮阳与建筑一体化设计作为以上意识形态的综合产物，其所表达的独特的文化美学思想将凝结在建筑之中。遮阳设计赋予了每个建筑独特的外观效果，是向大众传播建筑造型艺术美学的直接表现方式。同时，全新的设计手法和构件形式，将会影响人的精神世界，增强人的精神力量，丰富文化美学的内涵。因此可以说，遮阳设计与文化美学相互作用，相辅相成。

（3）舒适性因素。舒适度是指人针对物理环境感受到的综合满意程度。舒适性的判断结果受各种因素及条件的综合影响，且存在因个体差异而呈现不同结果的现象。一般而言，舒适的室内环境与外界各种恶劣的自然条件之间的矛盾由作为媒介的建筑进行不同程度的解决。从能耗的角度来观察不同的建筑，可以看到太阳辐射量越大、气温越高则遮阳设计对建筑能耗的制约性越强，相反则越弱。同时，性质不同的房间，对室内光环境、温湿度的控制标准也不一样，因此对遮阳也会提出不同的要求。

（4）科学技术因素。遮阳技术作为一项解决实际问题的手段，必然需要受到科学理论的指导。由于太阳在一年四季循环往复地变化，导致太阳光线入射角度随太阳的高度角和方位角不断改变，这将直接影响各朝向遮阳构件的安装位置及遮阳形式的选择。试想如果建筑各朝向采用一样的遮阳，但是建筑不同朝向房间的采光通风需求却不同，那么遮阳措施的使用效率则不会达到最佳效果。依据科学原理设计的遮阳措施不仅可以创造新的立面造型、有效减少能耗，还能降低工程造价，为建筑节能减排实践做出实质性的贡献。

6.1.2　遮阳与建筑一体化的设计原则

遮阳设计服务于建筑主体并对建筑产生直接的影响，因此，在建筑遮阳设计中，不能单方面强调其某一功能特性，而应综合考虑，在保证适当的节能、使用、管理等各方面效率的基础上，通过合理的遮阳设计来保证采取的遮阳措施功能合理、复合多样，同时加强建筑的光影效果，进而丰富建筑立面的形态，使得建筑整体达到技术与艺术的和谐统一。

（1）环境整体性。在遮阳与建筑一体化设计过程中，应遵循"环境整体性"的设计原则。一方面，针对遮阳部件本身，在具体项目的实施中，可能还同时承担着通风、防盗、采光等多个功能要求，也许各个击破并不是难事，但是多个功能构件同时出现在门窗洞口，极易破坏建筑的整体外立面造型，因此必须特别注意各个构件之间的协调统一性，以防止出现花里胡哨、毫无章法的整合设计方案。另一方面，在当今社会，建筑设计已从单体设计扩大到整体的环境设计，每一个设计都成为融入社会环境的建筑设计，需要权衡气候、自然、社会、技术、经济、文化等各方面因素进行综合的分析和比较，使得各种影响因素相互协调，从而形成一个整体统一的建筑视觉美学印象。遵循环境整体性的设计原则，不仅能够满足当地居民的物质文化生活需求，同时也能尽快适应当今社会环境的快速发展需求，为设计出最合理的建筑空间和实体打下坚实的基础。

（2）功能复合性。随着技术的进步，遮阳正朝着复合多功能的方向发展，"功能复合性"随之成为遮阳与建筑一体化设计过程中应遵循的设计原则。遮阳措施不仅承担着防止太阳辐射过分加热建筑外围护结构及减少室内得热的作用，还兼顾保温、控光、防盗、防噪、观景等多方面的问题。例如，对于双层幕墙而言，不仅可以通过内置百叶的手段达到遮阳目的，同时可以通过上下风口的启闭来解决室内通风散热的问题，还能通过选择安全玻璃来保证撞击情况下的人员安全。要想达到功能复合性的要求，不仅要对遮阳知识有深入的认知，还要对建筑各个相关功能构件的基本特性、相关物理环境需求有充分的了解，利用已取得的技术成果来改善建筑遮阳部件整体的使用性能，使室内物理环境得以优化更新。

（3）成效选择性。"成效选择性"也是遮阳与建筑一体化设计过程中应遵循的设计原则。适宜的遮阳措施不仅能够有效减少空调的使用能耗，而且能够增加建筑的艺术价值、促进新型材料的研发，甚至促进相关技术的革新。在具体项目的实施中，遮阳具有多种功能，在遮阳设计中，应主要考虑遮阳功能的同时，还应考虑对立面造型的影响，以及对室内光环境的影响。例如，为了营造一种轻盈的遮阳造型而使用 ETFE 膜，但是透光度较高的 ETFE 膜也许就不能保证室内拥有最为合理的自然采光照度，ETFE 膜的高价格也会造成整个建筑施工成本的提高。因此，对最想表达的作用内容做出选择，即成效选择，成为遮阳设计的关键。在选择遮阳设计方案时，遵循成效选择性，不仅能够适时、适度、合理地运用遮阳手段实现其节能意义，还会激发新的创作灵感，调动设计师的积极性，从而提高建筑的整体性能，达到各方面和谐统一，实现共赢。

6.2　结合几何元素的遮阳与建筑一体化设计

几何图形的组成元素包括点、线、面、体四类。在物理层面上讲，遮阳部件以体元素的形式存在，但是从人们的感官角度出发，尤其是在远观建筑的时候，遮阳部件也可以化为点元素、线元素、面元素而存在，例如，相同的遮阳部件放在大的建筑立面上可以称之为点，而放在小的建筑立面上则也可以称之为面。在遮阳与建筑"一体化"设计方面，作为点元素、线元素、面元素、体元素存在的遮阳部件将与建筑立面的融合设计由一维扩展到了三维，四者相对应的设计效果的丰富程度也因此呈现逐步增强的趋势。下面将针对四大维度元素来展开遮阳与建筑一体化的设计与研究。

6.2.1　点元素

点没有上下左右的连续性，在形式功能上可以起到调节平衡和重点强调的作用。遮阳部件作为点元素存在时，没有上下左右的连续性，单独存在时具有突出重点、加强对比的意味，能够达到吸引、集中视线的效果；阵列情况下能够帮助建筑塑造均衡感与稳定感；当点状遮阳以连排列时可以形成方向感、活泼感和节奏感。建筑中的点元素，主要与该元素比较的物体间的比例有关，相同的元素放在大的立面上可以称之为点，而放在小的立面上时对其感知将发生变化。

作为点元素存在的遮阳部件与建筑造型的融合度较高，"一体化"设计程度较好。植物遮阳、构件遮阳中的挡板遮阳、卷帘遮阳、综合遮阳相对更容易产生点状元素的特征，如图 6-1 所示。以某居住小区的遮阳设计为例，建筑外立面上的窗户呈阵列状态，窗户外侧设置白色卷帘实现遮阳，远远望过去，遮阳卷帘呈现点元素的特征，如图 6-2 所示。同时，由于住户对外遮阳卷帘使用需求的差异，卷帘或打开或收起，导致立面上点元素呈现出不规律的虚实对比，增添了立面造型的多样性和趣味性。

图 6-1　板式遮阳　　　　　　　　　　　　图 6-2　卷帘遮阳

针对山东地区的气候特点，图 6-3 的这种挡板遮阳点元素设计手法，必须结合建筑朝向等要素配合计算模拟才能确定其是否对冬夏两季都相对适宜。在寒冷地区使用点遮阳时，可由植物形成点状遮阳元素，随着植物的生长特性，能够较好地满足冬夏季的遮光及得热需求（图 6-4）。

图 6-3 弧形点状挡板遮阳　　　　　图 6-4 日本梭家外立面种植遮阳

6.2.2 线元素

遮阳部件作为线元素存在时，主要包括横向（水平向）和竖向（垂直向）两种线条类型，此时，遮阳部件的长度远远超过其宽度，具有强烈的方向性。在遮阳与建筑"一体化"设计方面，作为线元素存在的遮阳部件将与建筑立面的融合设计扩展到了二维空间，其相关设计效果较之点元素显得更为丰富与灵活，如图 6-5 所示。各种材质的水平遮阳板、水平遮阳百叶在建筑立面上相互延续、拼接形成使人感到舒展、连续、稳定的横向线条。如图 6-5（a）所示，玻璃幕墙和出挑构件相互组合形成建筑的立面外观，其中图 6-5（c）所示，各层出挑平台的形态在以微妙的趋势进行变化，给人以遮阳平台就像水流涟漪的视觉效果；图 6-5（b）垂直遮阳板、垂直遮阳百叶在建筑立面上相互延续、拼接则形成挺拔的竖向线条，可用于营造向上的动态，植物遮阳也可以依靠线状的支撑结构形成线性元素，从而塑造富有朝气、充满活力的氛围。以西班牙特雷莎养老院扩建项目为例，建筑师运用了竖向线条元素进行外立面的遮阳设计，在增加的建筑形体外侧全面覆盖银白色的垂直遮阳板，垂直遮阳板被整齐地束缚在各层楼板之间，打破了横向楼板线条带来的舒缓之感，塑造了强烈的韵律感，如图 6-5（d）所示。

(a) 膜遮阳　　　　　　　　　　　　　　(b) 机翼百叶遮阳

图 6-5 作为线元素存在的遮阳部件（一）

(c) 水平波形板遮阳　　　　　　　　　　　　　　　(d) 垂直板条遮阳

图 6-5　作为线元素存在的遮阳部件（二）

6.2.3　面元素

面元素一般包括长、宽两个维度。作为面元素存在的遮阳部件，具有明显的长度和宽度，可以形成三角形、四边形、多边形以及各种曲面。当遮阳构件相对整个立面较小且布置密集时，即会形成面元素的特征。在遮阳与建筑"一体化"设计中，百叶遮阳、附加防晒墙遮阳、挡板遮阳、植物遮阳等遮阳形式较为容易产生面元素的特征，设计具有遮阳性能的表皮，也是常用的将遮阳作为面元素整合设计的方式。

垂直绿化遮阳与建筑表皮设计相结合可以形成很特殊的建筑面元素特征，结合垂直绿化遮阳的特点，选取适宜的植物种类。在公共建筑表皮设计中，垂直绿化遮阳与建筑表皮结合，垂直绿化遮阳的形态即成为建筑形态，符合我们对于遮阳与建筑一体化的结合理念。图 6-6 为 KMC公司总部办公楼，利用建筑表皮设计种植绿化遮阳与玻璃幕墙的结合。内表皮为常规的混凝土和铝合金门窗，建筑立面元素由外表皮绿化遮阳呈现，因此建筑呈现出四季不同的颜色和景致。垂直绿化遮阳还可以作为阳台空间的面元素进行设计，如图 6-7 所示，种植绿化遮阳表皮附在实体墙之外，支撑骨架隐匿在绿植之间，显得干净而整洁、舒适而富有生机，"一体化"设计程度较高。

建筑防晒墙外遮阳主要指在建筑既有外围护结构外再增加一层墙体以达到墙面遮阳的效果。图 6-8 为山东建筑大学办公楼的防晒墙，采用类似传统建筑设计手法中的深孔花格墙，形成内外双层墙体，外侧墙体采用较小的开孔达到遮阳目的。

图 6-6　KMC 公司总部办公楼

在新建建筑中，遮阳构件也常作为建筑表皮的设计元素影响着表皮的肌理。对于活动遮阳，在设计中应注意遮阳元素的色彩、材质等是否与建筑立面需要表达的特点相吻合。较早将活动遮阳与立面效果相结合的成功案例应追溯到法国巴黎的 Rue Des Suisses 公寓，赫雅克·赫尔佐格和皮埃尔·德梅隆是根据地段的城市文脉进行的表皮设计，其表皮均由遮阳构件形成面元素进而形成建筑立面特色；针对城市文脉及基地环境特点，在沿街立面和基地内围合空间中采用两种不同的立面设计，如图 6-9 和图 6-10 所示。

图 6-7　世博会沪上人家阳台空间　　　　图 6-8　山东建筑大学办公楼防晒墙设计

图 6-9　Rue Des Suisses 公寓立面　　　　图 6-10　Rue Des Suisses 公寓立面

当遮阳构件相对整个立面较小且布置密集时，也会形成面元素的特征，如图 6-11 所示，该建筑外层表皮与外墙分离设置，与防晒墙设计手法相类似，将建筑的整个墙面笼罩在阴凉中，且其呈半透明状，透射出背后的外墙面丰富立面的层次感。图 6-12 为英国伦敦拉班现代舞中心，玻璃和半透明的聚碳酸酯嵌板共同构成建筑的外立面，聚碳酸酯嵌板不仅对后方的玻璃产生遮阳效果，还可以随光线不同改变颜色。图 6-13 为法国图卢兹 Bellecour 建筑师工作室，建筑立面上一个主要的组成元素就是遮阳板，形成面元素的特征，且使办公室和建筑内部的开放空间拥有舒适明亮的光线。

6.2.4　体元素

遮阳部件作为体元素存在时，同时具备了点、线、面三种几何元素，具有强烈的立体性。在遮阳与建筑"一体化"设计方面，作为体元素存在的遮阳部件将与建筑立面的融合设计扩展到了三维空间，其相关设计效果较之点、线、面元素显得最为丰富与灵活，体元素可以是实体也可以是虚体，遮阳构架。异型板遮阳、折叠板遮阳、综合遮阳、阳台错落形成的自遮阳等多种遮阳形式较为容易产生体元素的特征，该类遮阳形式自身形成的光影会赋予建筑全新的立面

图 6-11　丹麦兰德斯克拉里昂储蓄银行总部

图 6-12　英国伦敦拉班现代舞中心

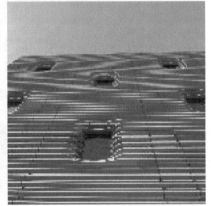

图 6-13　法国图卢兹 Bellecour 建筑师工作室

肌理效果，可增加建筑外观造型的层次感和韵律感。值得说明的是，在"一体化"设计过程中也要特别注重遮阳部件与建筑立面、造型设计的有机结合，避免生硬突兀影响美观。

提到遮阳作为体元素，最容易被人们想到的当属伦敦市政厅，如图 6-14 所示，福斯特通过计算和验证来尽量减小建筑暴露在阳光直射下的面积，将建筑设计为变形的球体，建筑物斜着朝向南面，建筑形体的变化综合考虑建筑的通风和遮阳的需求，变形球体使楼板产生对下层空间的遮阳。

瑞典哥德堡 2011 年新设计的 Kuggen 办公大楼将体形系数和建筑自身的遮阳都进行了充分的考虑。如图 6-15 所示，该大楼的设计，通过建筑形态变化，使建筑逐层外挑对下层空间产生遮阳效果，针对太阳运行规律，建筑南侧外挑比北侧外挑更多；顶层则依据太阳轨迹运动规律设计围绕建筑转动的遮阳板。

遮阳作为体元素的设计还可以体现在图 6-16 为 TAFE 瓦南布尔校区教学楼，该建筑设计过程中将沿街立面进行一定角度倾斜，通过立面倾斜、调整建筑楼层与倾斜窗洞口关系的变化调节阳光入射，达到一定的遮阳效能，如图 6-17 所示。

图 6-14　伦敦市政厅

图 6-15　瑞典哥德堡 Kuggen 办公大楼

图 6-16　瓦南布尔校区教学楼

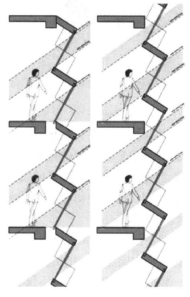

图 6-17　瓦南布尔校区立面设计

6.3　结合形体构成的遮阳与建筑一体化设计

形体构成是遮阳与建筑一体化设计的重要实现手段，遮阳部件的构成应综合环境、气候、文化、社会等各种因素的影响进行合理性设计，同时要注重遮阳部件本身形体独特性和创新性的表达。在结合建筑外立面造型的建筑遮阳设计当中，可以通过出挑、消减、错位、扭转、突变、随机、层叠、透视等多种常见构成手法来实现建筑的节能效率，同时塑造新的建筑形象。

6.3.1　出挑与消减

出挑与消减是运用加减法的构成手法，将室内房间进行添加、挖减形成遮阳。出挑与消减是相对的，遮阳部位的出挑，是建筑房间的相对消减，遮阳部位的消减，也是建筑房间的相对出挑。以百老汇住宅区为例，该建筑群以在洛杉矶西部地区工作的低收入家庭提供经济适用房为项目目标，特别考虑了遮阳问题。在 5 号住宅楼中，南向窗户采用综合遮阳的形式，浅蓝色的铝合金窗框突出于平整的白色陶瓷墙面，保护居住单元不受太阳能辐射破坏，为争取更多的采光面积，因此定制了东长西短的窗框，使得建筑整体造型在视觉上也变得相当有趣，如图 6-18 所示。而在 11 号住宅楼中，建筑立面有折有曲，但是经过土黄色涂料的涂刷，稍显厚重，因此在遮阳设计中，窗口位置的确定较为随性，窗口向内凹进 600mm，形成深深的阴影，且偶有窗框突出墙面，大大减弱了整体立面造型的封闭感，如图 6-19 所示。

图 6-18　百老汇住宅区 5 号楼　　　　　　图 6-19　百老汇住宅区 11 号楼

出挑和消减的构成手法在实现手段上较为简单，它可以从建筑本身悬挑出一块板进行遮阳，也可以将窗口内缩形成自然的挡光效果。例如在 Cox 公司新配送中心，简单的仓库被改造成了一座节能型建筑，最引人注目的就是外伸出来的庞大屋顶，它创造了入口缓冲空间和短暂停留的休憩空间，同时使得建筑外墙免受堪萨斯城炎炎烈日的炙烤，保证了遮阳效果，如图 6-20 所示。

在各种出挑与消隐的构成手法中，倒置是最有表现力的方式。倒置是指让建筑造型像倒置的椎体，从上往下采用层层内收的方法，使下层空间避开了太阳辐射，从而起到遮阳的作用。倒置这种独树一帜的形体构成手法，不仅能够产生壮观而奇特的艺术效果，如图 6-21 越南河内博物馆、图 6-22Tempe 市政大楼、图 6-23 上海世博中国馆所示，同时也能更大范围的加强空间面积的管理，以及通风、采光和遮阳等节能因素的操控，进而营造独特的室内环境。

图 6-20　Cox 公司新配送中心屋顶遮阳　　　图 6-21　越南河内博物馆遮阳近景

图 6-22　Tempe 市政大楼

图 6-23　上海世博中国馆

6.3.2　错位与扭转

错位与扭转是出挑、消隐的基本形体构成手法的加强与变异。错位与扭转就是单体或群体建筑构图中两个相对独立的体块，它们之间的空间位置与逻辑关系打破了横平竖直的正交坐标体系的限制，产生一种不对称的、错动的、非规则的对比关系，使其在彼此之间不影响自然采光和通风的情况下，又可以起到遮阳的作用。

屋顶可能是楼上的室外平台，而其建筑本身则是下层建筑的遮阳棚，如图 6-24 和图 6-25 所示，错位的构成手法使得住户的生活体验变得有趣丰富，整体建筑的趣味性造型也丰富了城市的建筑形态。

图 6-24　波尔多社会住房运营总部

图 6-25　加拿大蒙特利尔某住宅区

在构成手法上，通过扭转形成的建筑形态特征有时与通过错位形成的建筑形态特征具有相同的造型效果，相对于错位，扭转的路径较为清晰，逻辑性更强，能够给建筑造型带来强烈的动态美，并为室内提供独特的采光环境。常见的扭转构成手法有锯齿形、螺旋形两种。山东建筑大学和平校区图书馆建筑的遮阳设计采用了"锯齿形"的扭转构成手法，该建筑通过设置三角形阳台，将室内的采光方向由原先的正西向，改为西南向，从而减轻了西晒对室内物理环境带来的不利影响，如图 6-26 所示。梦露大厦的遮阳设计则采用了"螺旋形"的扭转构成手法，建筑各层楼板向外出挑呈现螺旋上升的趋势，不仅起到遮阳的作用，也使立面变得更加活泼，如图 6-27 所示。在梦露大厦中，螺旋形的旋转并不是毫无章法，考虑到建筑各个朝向的太阳高度角各不相同，东、西向楼板的出挑长度值要明显大于南、北向伸出长度值，这种做法能够有效提高建筑的整体遮阳效果。

图 6-26　山东建筑大学和平校区图书馆
锯齿形扭转构成遮阳

图 6-27　梦露大厦螺旋形扭转构成遮阳

6.3.3　突变与随机

突变与随机不是针对建筑中某一个单一的遮阳形式，而是涉及某种遮阳形式的组合变化。突变与随机的形体构成手法往往是人类偏于主观思考的结果，两者同时发生，同时消亡。

在遮阳与建筑一体化的形体构成设计中，突变是指打破遮阳部件单一的基本形体与其有规律性的变化特征，形成独树一帜的外观造型。突变更多地掺杂了人类主观的想法，是一种明目张胆追求艺术美学的实践活动。以碉堡住宅为例，建筑各层平面呈矩形，建筑外围设置连续的通廊，阳台挡板由上层阳台延续下来，形成下层空间的遮阳板，两者之间是一条高约600mm的通缝，如图 6-28（a）所示。建筑师认为如果只是一条普通的直线型光缝未免会显得平庸，于是在每个通缝中随机做了曲折变化，这种突变一改整体的理性主义建筑风貌，使建筑外观造型变得柔美与生动，如图 6-28（b）所示。

(a) 阳台与遮阳板之间形成光缝

(b) 建筑外观

图 6-28　碉堡住宅

在遮阳与建筑一体化的形体构成设计中，随机一般是指遮阳部件的设置采用相同的基本构成元素，但是在组合方式、材质色泽等方面较为自由散乱，无明显规律可循。这样的构成手法能够创造出丰富变化的遮阳部件形体，当然其背后的结构系统也需要依据一定的逻辑和规则来构建。以哥本哈根 VM 大楼为例，建筑本身由 V 形和 M 形平面的两栋建筑物组成，为了与 V 形、M 形的多锐角平面相互呼应而选用了凸出的三角形阳台，每户阳台的安装位置不定，呈现随机布置的状态，各个阳台相互错落从而为下层空间进行有效遮阳，并形成了建筑的全新外立面造型，给人造成强烈的视觉冲击。如图 6-29 所示。而在从化市图书馆新馆的遮阳设计中，将建筑南立面外墙面上设计了一面遮阳板表皮，遮阳板表皮与外墙面间隔 1750mm，由无数个高 3000mm、宽 600mm 的单元式垂直遮阳板间隔排布而成，并在其中随机抽掉一个或者两个单元遮阳板，从而打破完全规整的遮阳板布置局面，给建筑外立面造型增加一丝灵动与生机，如图 6-30 所示。

图 6-29　哥本哈根 VM 大楼阳台遮阳　　　　图 6-30　从化市图书馆新馆遮阳细部

6.3.4　层叠与透视

层叠与透视主要针对的是近些年来逐渐流行的附加墙、玻璃幕、植物等附加遮阳表皮，此类形体构成手法不仅充分利用现代技术解决了建筑节能，而且能够使建筑具有层次感，使技术与艺术完美结合。

近些年来，建筑表皮正在逐步解开承重构件的禁锢，由最初作为结构的表皮向现代多层、复合、自由的表皮发展，进而形成遮阳与建筑一体化的新兴形式，其构建的层叠的构成效果，不仅能够丰富建筑的外观造型，而且能够为室内房间提供新颖的室内空间体验，开创新型的遮阳、自然采光和通风环境。以山东建筑大学办公楼防晒墙为例，建筑在西侧墙体外面附加一层带孔洞的混凝土墙，制造层叠的视觉效果，同时达到了遮阳的目的。为了提高附加墙的艺术效果，楼梯间突出于附加墙面，采用玻璃围合，与实面墙体形成鲜明对比。另外，为保证西晒房间的空气流通和适当的自然采光，在附加墙上另外设计了五组九宫格窗洞口，窗洞口对应 2～5 层的楼层进行设置。各个细部的设计作为理性思考的结晶，给整个附加墙面增添了强烈的序列感和视觉效果，如图 6-31 所示。同样做法的还有清华设计楼的防晒墙遮阳，如图 6-32 所示。

建筑外墙本身就是一个遮阳面，在外墙上进行的平铺式遮阳设计就自然形成了新的表皮层，再加之材质、色泽、连接方式、施工工艺等多方面因素的影响，会产生效果各异的透视构成效果，加之遮阳表皮总是在虚实交互之间给人以遐想，因此呈现出独特的设计造型。以波多黎各的大学综合研究楼建筑为例，建筑东立面的遮阳表皮由固定的彩色穿孔铝板似浮雕般悬挂在混凝土墙面之外，如图 6-33（a）所示。这些条状穿孔铝板不仅能够为建筑遮阳挡雨，而且能够带给室内看似繁杂却又均匀分布的光影状况。尤其是到了夜晚，透过该遮阳板，站在建筑外面向里看，也能感受到不一样的生机与活力，掺杂着些许艺术气息将人笼罩，如图 6-33（b）所示。

图 6-31　山东建筑大学办公楼防晒墙

图 6-32　清华设计楼防晒墙遮阳

(a) 透视

(b) 近景

图 6-33　波多黎各大学综合研究楼遮阳设计

6.4　结合材料表达的遮阳与建筑一体化设计

建筑遮阳设计应优先选用低热容的材料，因建筑遮阳构件常暴露在太阳辐射下，合理选材可规避因建筑遮阳构件自身受热而产生的二次辐射，低热容材料吸热后可以减少构件的蓄热。在材料选用上还应综合考虑使用遮阳产品的建筑高度、遮阳的安全性需求，遮阳选材是否易于清洁、如何进行维护，还应结合建筑设计特色选择适宜的色彩，因此遮阳材料的选用应综合考虑多要素进行。

选择合适的遮阳材料是遮阳与建筑一体化设计成功的关键因素。将门窗、墙体、屋顶三大部位常见的遮阳材料及材料特点进行分类整理，见表 6-1。

表 6-1 常见的遮阳材料及其特点

遮阳部位	常见的遮阳材料	材料特点
门窗遮阳	有机玻璃	价格高，观感好，热工性能差，需注意灰尘积聚
	U 型玻璃	价格高，视觉效果特殊，耐候性、耐久性、自洁性好，防火性能一般，易于回收
	PC（聚碳酸酯）板	价格高，视觉效果好，防水效果好，耐候性、耐久性好，耐冲击力强，透光率高，热工性能一般
	ETFE 膜	价格高，自重小，视觉效果好，无湿作业，施工简便，耐候性、耐化学腐蚀性强，透光率高，防火安全性好
	塑料	自重小，耐磨减震，绝缘性能、防水效果好，耐候性、耐久性差，热工性能一般
	金属板材（铝、铜、不锈钢、钛、锌板）	价格高，视觉效果好，耐候性、耐久性、自洁性好，防水效果强
	防腐木材	价格高，视觉效果自然亲切，耐候性、耐久性、自洁性一般，同时应注意防火
	人造胶合板	价格高，显示出天然材料亲切自然的视觉效果，耐候性、耐久性一般，自洁性好，应注意防火
墙体遮阳	清水混凝土	观感自然，防火性能好，施工要求高，一般需做保护层以提高耐候性、耐久性、自洁性
	清水砖砌体	观感自然，施工要求高，耐候性、耐久性好，热工性能好，维护周期相对长
	石材	价格高，视觉效果好，耐候性、耐久性、自洁性好，缺点是自重大
	金属幕墙（铝、铜、不锈钢、钛、锌板）	价格高，视觉效果好，耐候性、耐久性、自洁性好
	玻璃幕墙	价格高，耐候性、耐久性、自洁性好，墙体热工性能差
屋顶遮阳	混凝土	价格便宜，防火性能好，施工简便，一般出挑遮阳，维护周期短，视觉效果差
	瓦（烧结瓦、油毡瓦、彩钢板瓦）	价格便宜，施工简便，具有传统建筑的小尺度，视觉效果好，自然亲切，维护周期一般较长，热工性能好
	金属板（铝板、锌板、铜板、钛板等）	价格高，视觉效果好，防水效果好，耐候性、耐久性、自洁性好，维护周期较长

根据表 6-1 可以发现，不同部位常见的遮阳材料种类有所重叠，比如玻璃可以应用在门窗遮阳形式当中，也可以在墙体、屋顶部位的遮阳设计中进行合理采用。因此，在遮阳材料的选用过程中，应综合考虑使用遮阳产品的建筑高度、遮阳的安全性需求，遮阳选材是否易于清洁、如何进行维护，还不应拘泥于遮阳材料的使用部位与某种固定的设计方法，而应根据材料不同的特点来进行合适的筛选与设计。遮阳材料的表达主要通过色彩、质感、透明度三方面来实现。

6.4.1　色彩

人在看到遮阳部件最初几秒钟内得到的印象几乎都来自对遮阳材料的色彩的感觉。色彩作为材料的附加属性，往往能够带给人们最直观的视觉冲击，色彩不仅影响并塑造着遮阳部件的整体形象，而且会给人们带来某种艺术上的享受。遮阳设计中常用的材料铝板、铜板、锌板、木材、玻璃、砖、石材的常见色整理见表 6-2。

表 6-2 遮阳材料常见色彩及表达

材料	原有色	色彩示例	备注
铝板	银白色、浅灰色		自然状态下的铝及铝合金为银白色，色彩稳定性较强。可做彩色涂层处理
铜板	浅玫瑰色、紫红、红绿、棕色、蓝绿色		纯铜在自然条件下可以多次发生化学变化，颜色随之改变
锌板	亮银白色、灰黑色		自然未处理的亮银白色锌板会在大气中逐渐氧化变灰黑色。可做彩色涂层处理
木材	黄色、红褐色、紫红色、黑色、浅灰色		木材的色彩随着木材品种的不同而呈现出丰富多彩的变化。可做彩色涂层处理
玻璃	透明色、茶色、灰色、蓝色、绿色、古铜色等		像夹层玻璃、彩釉玻璃等可以自由选用各种色彩
砖	砖红色、青灰色		若加之涂料，则色彩缤纷，自由多变
石材	纯白色、象牙色、米黄色、淡灰色、黑灰色等		石材表面常有花纹，色彩以组合形式存在
织物	各种颜色		织物的色彩非常丰富，且方便定制

色彩对人引起的视觉效果有冷暖、远近、轻重、大小等，在遮阳材料的色彩选取过程中如果能够充分利用以上色彩带给人们的物理属性，则会为遮阳与建筑的一体化设计带来某种视觉上的差异和艺术上的享受。

（1）温度感。在色彩学中，不同色相的色彩可分为暖色、冷色和温色三类。其中，暖色包括红紫、红、橙、黄到黄绿色，以橙色最热；冷色包括青紫、青至青绿色，以青色最冷；温色包括紫色、绿色、黑色、灰色和白色。这和人类长期的感觉经验是一致的，如红色、黄色，让人仿佛看到太阳、火、炼钢炉等，感觉炙热；而青色、绿色，让人好似看到江河湖海、绿色的田野、森林，感觉凉爽。因此，在遮阳与建筑一体化设计当中，遮阳部件采用不同色相的色彩能够帮助建筑塑造不同的温度感。木材、篷布等遮阳材料一般呈现偏暖的温度感，玻璃、金属板等遮阳材料则常常带来偏冷的温度感，但是具体的温度感还是要根据实际情况才能确定。

以埃斯凯纳齐医院停车场项目为例，建筑的遮阳表皮上共采用了 18 种尺寸不一的铝板，不同立面上的铝板分别漆涂了高纯度的深蓝色和金黄色。深蓝色的西向遮阳表皮和金黄色的东向遮阳表皮通过表面不同幅度的起伏变化，共同创造出动态的立面系统，但是深蓝色的西向遮阳表皮形成的是静水流深、冷静内敛的感觉，如图 6-34（a）所示，而金黄色的东向遮阳表皮则带给人们一种呼之欲出、热情如火的动感，如图 6-34（b）所示。

(a) 西立面遮阳表皮　　　　　　　　　　　　　　　　(b) 东立面遮阳表皮

图 6-34　埃斯凯纳齐医院停车场遮阳设计

（2）距离感。色彩可以使人感觉进退、凹凸、远近的不同，一般暖色系和明度高的色彩具有前进、凸出、接近的效果，而冷色系和明度较低的色彩则具有后退、凹进、远离的效果。在遮阳与建筑一体化设计中也可以利用色彩的这种特性去改变遮阳部件以及整个建筑的距离感。通过此原理，在进行遮阳设计时，如若连接构件过细，可用浅色，以增强视觉上的体量感；连接构件过粗，则可用深色，以减弱笨粗之感。一般情况下，木材、篷布等遮阳材料采用暖色系和明度高的色彩，呈现前进、凸出、接近的效果，玻璃、金属板等遮阳材料采用冷色系和明度较低的色彩，带来后退、凹进、远离的效果，但是具体的距离感应根据实际情况确定，例如，金属板也可以通过漆涂暖色调来表达与人贴近的距离感。以水纹大厦为例，建筑中的遮阳设计是通过窗口外侧出挑的纯白色波形板而实现的，如图 6-35（a）所示。到了黑夜，建筑外立面包括波形遮阳板都是一片漆黑，如图 6-35（b）所示。将建筑的日景与夜景进行对比，可以发现，波形遮阳板在日景图中要比在夜景图中显得更为贴近，夜景图中的波形遮阳板有一种即将渗透到远处夜空中的距离感。

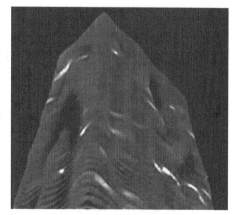

(a) 水纹大厦日景　　　　　　　　　　　　　　　　(b) 水纹大厦夜景

图 6-35　水纹大厦遮阳设计

（3）重量感。色彩的重量感主要取决于明度和纯度，明度和纯度高的显得轻，如银白、桃红、浅黄色。明度和纯度低的显得重，如墨绿、深褐、纯黑。在遮阳与建筑一体化设计中也可借助色彩的该种特性来满足建筑形体构成中或平衡、或对比、或轻盈、或庄重的需求，进而赋予建筑不同的性格。一般情况下，玻璃、木材等遮阳材料其色彩的明度和纯度较高，适宜塑造轻盈的形象，而金属板、混凝土等遮阳材料其色彩的明度和纯度较低，适宜塑造厚重的形象。以阿拉伯世界文化中心为例，建筑南立面整齐地排列了近百个清真寺装饰风格的窗格，每一个窗格由外层的无色透明玻璃、铝合金框架和内里的组合光圈式铝板构成，从而形成外遮阳。因为该外遮阳构件覆盖了整个建筑立面，极易带来沉重感，因此在设计中铝合金框架采用烟灰色，如图6-36（a）所示，同时，由于玻璃具有高透性，而金属具有一定的镜面效果，因此天空以及周边绿植形成的淡蓝色色彩则会折射到这些遮阳构件上，使得建筑立面呈现出轻盈、明亮的感觉，如图6-36（b）所示。

(a) 灰色的遮阳窗格   (b) 遮阳窗格呈现天空的颜色

图6-36 阿拉伯世界文化中心遮阳设计

（4）尺度感。色彩对物体大小的作用，包括色相和明度两个因素。暖色和明度高的色彩具有扩散作用，因此物体显得大，而冷色和暗色则具有内聚作用，因此物体显得小。因此，可以利用色彩来改变遮阳部件甚至是整个建筑形体的尺度、体积和空间感。一般情况下，玻璃、木材、织物、ETFE膜等遮阳材料采用暖色和明度高的色彩，能够增大遮阳构件的体量感，而金属板、混凝土、塑料等遮阳材料采用冷色和暗色，能够减弱遮阳构件的尺度感和存在感。以中国美术学院象山校区为例，在教学楼的遮阳设计当中，建筑师选定了来源于当地拆迁的传统民居的废置瓦片作为遮阳部件的基本材料，这些瓦片大都是不上釉的、青灰色的瓦片，如图6-37（a）所示。该类瓦片用在遮阳设计中本身就是一种突破，其青黑色色彩的保持不仅延续了传统"粉墙黛瓦"的建筑中的沉稳、古朴之感，也减少了瓦片遮阳整体构件的体量感，进而使遮阳与建筑"一体化"结合过程中保持适宜的尺度对比，形成舒适和谐的建筑立面造型，如图6-37（b）所示。

6.4.2 质感

质感一般是指物体表面通过人的视觉、触觉所能感受到的稠密或疏松以及质地松散、精细、粗糙之程度。人们通过质感来体验材料的表面特性，对视觉和触觉的综合印象进行融合，进而影响人的情感。每种材料都有各自独特的质感，而常见的遮阳材料木材、玻璃、砖

(a) 遮阳细部

(b) 建筑透视

图 6-37　中国美术学院教学楼建筑遮阳设计

石、金属、混凝土等，常常通过抛光、做旧、斧凿、冲击等多种技术手段给人带来各不相同的视触感受。

因为遮阳部件外表面粗糙度各有不同以及人类在视觉、触觉上的主观感受存在一定差异，质感大致可以分为光洁、亚光、粗糙三种类型。建筑师应该对遮阳材料的三大质感类型进行探究，从而挖掘材料的表现潜力。

（1）光洁。光洁的遮阳材料表面一般具有较强的反光性能，如镜面不锈钢、抛光铜板、平板玻璃等，在阳光照射下，周围的建筑、植物、天空、水体易反射到遮阳部件上，同时，光洁的遮阳部件表面易形成强烈的层次感，从而赋予遮阳部件以突出的表现力，为建筑的整体造型设计增添色彩，如图 6-38 所示。光洁表面的遮阳部件一般能够与建筑外墙形成较为强烈的对比，在"一体化"设计方面便于塑造建筑整体的时尚感与现代感。以同济大学浙江学院图书馆为例，建筑南立面采用了普通玻璃材质的水平遮阳板，玻璃遮阳板表面平整又光滑，给建筑立面塑造出简洁时尚、干净精致的建筑形象，现代感十足，但是光洁的质感加上偏冷的色调也会营造出不易靠近的距离感，如图 6-39 所示。

图 6-38　光洁材料遮阳效果示意　　　　图 6-39　浙江同济大学图书馆遮阳细部

（2）亚光。亚光材料的表面粗糙度处在光洁和粗糙之间，一般有微小的、细密且均匀的起伏，抚摸之下，表面平整但不甚光滑，常见的亚光类型的遮阳材料有磨砂玻璃、织物、薄膜以及低光泽的漆涂木材等。在该类材料上，照射的光线以漫反射的形式被反射回去，材料表面看过去多呈雾状，因此，在遮阳与建筑"一体化"设计表达方面往往呈现亲切和蔼、温婉柔美之感，如图6-40所示。以同济大学建筑与城规学院C楼的遮阳设计为例，建筑南立面采用了U形玻璃作为遮阳构件的主材料，平滑整齐的U形玻璃面像推拉窗一样夹在两层楼板之间，如图6-41所示。由于亚光质感的U形玻璃还具有透光不透视性能，运用在遮阳设计当中，在白天，能够使得室内房间产生自然柔和的光线漫射效果，提高室内光舒适度。到了夜晚，室内的灯光投射在U形玻璃遮阳板上，似乎缩短了遮阳构件与人的心理距离，为建筑整体的外观造型蒙上一层朦胧、优雅的气质。

图6-40　亚光材料遮阳效果示意　　　　　图6-41　同济大学C楼南立面遮阳细部

　　（3）粗糙。粗糙的遮阳材料表面有较为突出明显的凹凸起伏，或均匀分布，或自由散落，如耐候钢板、铁锈板、清水混凝土等，通过冲击、褶皱、焊接、蚀刻等工艺形成的粗糙表面使得光线照射在遮阳部件上轻松化解光污染问题，同时在遮阳与建筑"一体化"设计方面往往能够营造出粗犷沧桑、大气庄重的氛围，如图6-42所示。粗糙表面的材料非常适用于旧建筑改建以及希望散发独特魅力的展示博览类建筑的遮阳与建筑一体化设计。以威科夫交易所为例，建筑临街立面最引人注目的就是折叠式的耐候钢板，白天，耐候钢板折叠起来作为商店的遮阳部件，为行人提供阴凉；晚上，耐候钢板舒展开来作为防护门保护商店。未经处理的耐候钢板在空气中会被氧化，表面逐渐出现锈蚀的痕迹。锈蚀使钢板表面变得粗糙，以一种全新的沉稳、质朴、沧桑的感觉塑造全新的建筑形象，给该建筑增加了些许历史的韵味，如图6-43所示。

图6-42　粗糙材料遮阳效果示意　　　　　图6-43　威科夫交易所临街立面遮阳细部

6.4.3　透明度

遮阳材料的透明性关系到遮阳效果的优劣，也影响着建筑立面的表达。遮阳材料的透明性分为物理透明性和现象透明性两个层面，物理透明性是指遮阳材料本身的透光程度，而现象层面的透明性是不管材料透不透明，但是能通过一些手法使人感觉到透明性，因为当遮阳部件由多种材料在三维层面上叠加时，外层材料若拥有一定的透明度，内层材料则会拥有强烈的透视感，形成物理透明。

（1）物理透明性。物理透明性是指材料本身透光的程度，随着透光度的变化，从透明、亚透明、半透明、微透明到不透明，透明程度逐层下降。在遮阳设计中，材料的物理透明性不仅会直观地反映在人的视线感受中，更会影响遮阳系数值的大小以及建筑自然采光通风的效果。按照透光度的不同，将遮阳材料大致分为透明、半透明、不透明三种类型，见表 6-3。

表 6-3　　　　　　　　　　不同物理透明度的遮阳材料分类情况

透明	超白玻璃、浮法玻璃、低辐射镀膜玻璃、PC 板、有机玻璃、ETFE 薄膜
半透明	丝网印刷玻璃、光电玻璃、夹层玻璃、PVC 薄膜、玻璃砖
不透明	木材、金属板、砖石、混凝土

值得说明的是，透明、半透明、不透明三者之间并没有非常明确的界限，其中一些材料也会因为制作工艺的不同而呈现出不同程度的透明。以百叶遮阳为例，当采用铝合金百叶垂直遮阳时，铝合金百叶展开的时候完全掩住了其后的建筑形象，关闭的时候也会在某种角度上挡住人们探究室内外的视线，如图 6-44 所示。但是在玻璃百叶垂直遮阳的应用中，不管玻璃百叶是打开还是关闭，都能看清楚其后面的砖墙和窗户，纵使玻璃带有浅绿的颜色，也不影响内部墙体质感的表达，如图 6-45 所示。同时也可以看出，遮阳材料因为物理透明性属性的不同，遮阳部件带给建筑形象的影响也各有不同。

图 6-44　铝合金百叶垂直遮阳

图 6-45　玻璃百叶垂直遮阳

另外，完全透明材料的使用常常会造成人们对其遮阳效果的怀疑以及对隐私保护上的不满，但是事实上，通过对材料的精心选择则可以避免此类困扰。例如，在 BRTTG 办公楼的南立面遮阳设计当中，建筑师为配合建筑的体形要求、提高遮阳与建筑的"一体化"设计程度，而选用了紧贴弧形支撑骨架的水平式玻璃百叶遮阳，如图 6-46（a）所示。设计中采用透光率高、遮阳系数小、导热系数低，且对红外线辐射反射率高的低辐射镀膜玻璃，室内节能效果较为明显。当玻璃百叶全部关闭时，可以清楚看到每片百叶也呈现一定弧度，人们在室内向外看时，视线上没有任何干扰，但是室外景色因为弧形玻璃的存在，会产生一定的变形，同时，当室外的人看向室内时，也存在看不清晰室内情形的状况，进而起到保护室内隐私的作用，如图 6-46（b）所示。

(a) 遮阳构件内景　　　　　　　　　　　　　　(b) 遮阳构件外景

图 6-46　BRTTG 办公楼南立面遮阳设计

（2）现象透明性。在遮阳设计中，所谓现象透明性是指遮阳部件与其他建筑空间互相渗透但在视觉上不存在彼此破坏的情形。现象透明性不再是针对材料本身，而是着眼在遮阳部件与建筑空间的虚实关系之上，更关注的是遮阳材料的空间表达。因此，遮阳与建筑的融合度较高，"一体化"设计表达的程度较好。在现象透明性的概念里，要想给人以视觉上通透的效果，不再局限于采用像玻璃这样的透明材料，也可以采取将金属板进行穿孔处理、防腐木材做成百叶格栅等措施，如图 6-47 所示，或通过遮阳材料相互错落的布置形式来塑造全新的透明感，如图 6-48 所示。

图 6-47　穿孔铝板遮阳的现象透明性　　　　　图 6-48　百叶金属板遮阳的现象透明性

以某商业大厦为例，建筑南立面的玻璃幕墙外侧采用垂直百叶遮阳构件，为了控制玻璃幕墙的通透感，在垂直百叶与玻璃幕墙之间安插了一块印花金属板，金属板上开了尺寸不一的矩形洞口，营造出半透明的效果。而三层材料层层叠加，带给了建筑富有层次的空间感以及独特的视觉体验，如图 6-49 所示。

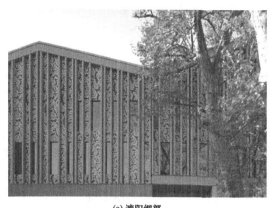

(a) 遮阳细部

(b) 建筑透视

图 6-49　某商业大厦遮阳设计

6.5　结合构件表现的遮阳与建筑一体化设计

遮阳构件主要包括遮阳面板、支撑骨架两类。在遮阳与建筑一体化设计过程中，遮阳面板和支撑骨架和的形式多种多样，需要进行精心的筛选，才能做到合理的应用。

6.5.1　遮阳面板

（1）面板材料。在遮阳与一体化设计当中，遮阳面板的设计对遮阳效果的实现以及整个遮阳部件外观造型的塑造都具有直接而关键的影响。不同遮阳面板的材质、色彩、透明度与建筑实体墙体、以及遮阳构件后面的玻璃之间，可以产生玻璃的虚与遮阳的实，也可以产生遮阳的虚与建筑主体实体墙体的实。合理设计遮阳面板，利用建筑遮阳构件的凹凸变化可以辅助产生建筑外围空间的灰度，增强建筑的趣味性。根据面板表面有无穿透性的孔洞，将遮阳面板分为实体板和镂空板两大类。

实体遮阳板是指表面完整、没有穿透性孔洞的遮阳面板。该类遮阳面板主要有钢筋混凝土薄板、机翼百叶板、丝网印刷玻璃、压花玻璃、各种颜色的织物卷帘等形式，根据遮阳面板形式的不同，可以营造丰富多彩的"一体化"设计体验。如在墨尔本的某大厦的遮阳与建筑"一体化"设计中，北向玻璃幕墙外设计了五颜六色的玻璃遮阳板，为建筑创造了一种活泼而充满艺术性的外观效果，如图 6-50 所示。考虑到遮阳面板并不是孤立的存在，而是与建筑空间相互交融、相互作用，所以实体遮阳板也可以塑造虚空的视觉效果。以中国美术学院象山校区的艺术系馆设计为例，建筑采用了实木板窗扇遮阳的形式，遮阳部件本身具有自然、厚实的视觉效果，但是通过遮阳部件的组合以及实木板窗扇的开合，建筑外观反而呈现

图 6-50　某大厦遮阳设计

出轻盈而活泼的虚空之感，如图 6-51 所示。位于巴西圣保罗的某公寓楼采用了阳台上的木质滑片进行遮阳，闭合与开敞的木板形成虚实对比，且木质结构有方形炮孔排列的排孔，所以不会阻挡风，如图 6-52 所示。

图 6-51　中国美院艺术系馆遮阳设计

图 6-52　某公寓遮阳设计

镂空遮阳板是指具有穿透性孔洞的遮阳面板，如预制花格板、金属穿孔板（百叶）、丝网编织板等，该类遮阳面板具有强烈的虚实对比，能够给室内带来光影斑驳的视觉效果，在遮阳与建筑"一体化"设计方面，多用于塑造整齐、精致而充满艺术性的建筑形象。以高雄市政府办公楼设计为例，建筑外立面采用了铝合金丝网编织板进行水平遮阳，该遮阳面板与玻璃幕墙共同塑造了轻盈、活泼的建筑外观形象，如图 6-53 所示。而在中国美院雕塑系馆设计中，建筑西立面采用了花格预制墙板进行遮阳设计，与建筑的南北立面实墙形成鲜明的虚实对比，共同塑造了简洁、严谨而内敛的建筑形象，如图 6-54 所示。

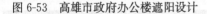
图 6-53　高雄市政府办公楼遮阳设计

图 6-54　中国美院雕塑系馆遮阳设计

（2）面板排列方式。遮阳面板的排列方式主要有水平等距排列、水平变距排列、垂直等距排列、垂直变距排列和自由排列。遮阳板等距或变距的排列方式可以使建筑立面呈现出节奏感和韵律感，自由排列的方式可以使建筑立面变化多样。

对于立面设计不涉及大体量的凸出及凹进的建筑来说，其立面设计平面感相对较强，遮阳面板作为点元素、线元素或面元素在建筑立面中出现时，可以与建筑立面设计相结合，适当的遮阳面板排列方式可以体现建筑立面表皮设计的节奏韵律感。当建筑形体相对集中时，建筑遮阳面板可以通过匀质化的排列手法，作为表现建筑表皮和肌理的重要手段。如华腾总部（图 6-55）和杭州运河文化艺术中心（图 6-56）的设计中，通过外立面遮阳板的节奏韵律化布置，使得整栋建筑立面变得活泼。

图 6-55 华腾总部　　　　　　　　　　图 6-56 杭州运河文化艺术中心

（3）面板智能化设计。随着科学技术的进步，遮阳设计开始与智能化技术结合。依靠电子感应设备和计算机系统，遮阳面板可以根据建筑环境的变化自动发生改变，以满足不同环境条件下使用者的需求。如奥地利 Kiefer 技术展示厅（图 6-57），当用户根据需要调节遮阳装置的角度和位置时，外遮阳的开闭位置和范围的变化形成了建筑外界面虚实关系的动态转换，体现了建筑应变不同物理环境时特有的"表情"和"神态"，个性化的表皮形态亦显示了使用者对环境舒适差异的需求。巴哈尔塔（图 6-58）的外部遮阳表皮可以根据太阳的运行轨迹进行变换，满足不同时段的遮阳需要。

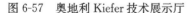

图 6-57 奥地利 Kiefer 技术展示厅　　　　　　图 6-58 巴哈尔塔

6.5.2 支撑骨架

在遮阳部件的设计当中，支撑骨架是支撑遮阳面板的框架结构。遮阳面板作为发挥遮阳性能的直接作用面，是为"皮"，支撑骨架则相当于遮阳部件中的"骨"，没有"骨"，"皮"是万万支撑不起来的。同时，支撑骨架的设计也关系着整个遮阳部件的形态构成与遮阳效果的实现。根据支撑骨架的尺度、位置与作用方式的不同，可以发现支撑骨架有时消隐于遮阳面板之下，有时则刻意突显出来，成为遮阳部件整体外观造型的重要构成部分。

支撑骨架以其尺度较大的体形、灵活多变的姿态以及显眼的安装位置，也可以成为整个遮阳部件外观造型的主要构成部分。支撑结构的突显使得遮阳部件显得更为稳定、理性，此类遮阳部件一般以阵列的形式存在，附在建筑的遮阳部位上，能够塑造强烈的韵律感和均衡感，遮阳与建筑"一体化"的设计感较为突出。以建筑工业养老金基金会扩建项目为例，建筑南立面采用了活动式水平外遮阳的形式，遮阳部件中的曲面金属遮阳板和框架式的钢构支撑骨架均暴露在外，二者以曲面金属遮阳板两端的铰接点进行连接。曲面金属遮阳板启闭之间，钢构支撑骨架一直呈现着精致、整齐、稳固、匀质的排布状态，给人以不同的视觉感受，如图 6-59 所示。

(a) 立面透视   (b) 遮阳细部

图 6-59　建筑工业养老金基金会扩建项目遮阳设计

在一些遮阳部件的设计当中，支撑骨架的尺度较小，作用方式并不明显，安装位置也不易被人察觉，这是因为支撑骨架在做消隐向的设计。支撑骨架的消隐，使得遮阳部件显得更为轻质、简洁，此类遮阳部件与素净的建筑外墙在外观上具有较高的贴合度，"一体化"设计程度较好。以 2010 年上海世博会法国馆为例，建筑外墙面上垂下条条"绿柱"来实现遮阳目的。"绿柱"即从屋顶延续下来的垂直条状绿荫，或弯或直地覆在开满玻璃窗口的建筑外墙之外，形成绿意盎然、动感十足的遮阳形态，其支撑骨架采用细小的钢材，焊接在建筑的主体钢框架结构之上，植物长得繁茂多枝且没有方向性，不走进细看，根本发现不了支撑骨架的存在，这种做法增加了遮阳绿荫条的悬浮感，因此给游客留下了深刻的印象，如图 6-60 所示。

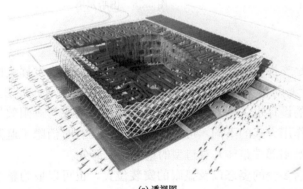

(a) 透视图   (b) 遮阳细部

图 6-60　上海世博会法国馆遮阳设计

第 7 章　遮阳与建筑一体化构造技术分析

7.1　遮阳与建筑一体化构造技术设计原则

遮阳系统的构造技术应功能合理、简单易行、耐久耐候、安全稳定、外形美观、与建筑物整体及周围环境相协调，并应经济实用、便于普及，因此，在遮阳与建筑一体化设计当中应遵循功能性、安全性、装饰性以及经济性四项设计原则。

7.1.1　功能性

在遮阳与建筑一体化设计当中，功能性是遮阳系统的基本特征。遮阳系统的功能性设计需要考虑当地的气象条件、室内物理环境的需求等影响因素。首先，遮阳系统的功能性设计首先需要考虑当地的气象条件，在不同的气象条件下，遮阳设计的要求也不同。例如，在济南地区采取的遮阳措施不仅要在夏天起到遮阳效果，到了冬季也要注意不能影响建筑室内采光。其次，遮阳设计的终极目的是为了改善室内环境，因而设计者需要深入考虑建筑使用者对室内热、光、声三项物理环境的要求。在热环境方面，遮阳部件要保证自身以及安装遮阳构件后的围护结构整体的合理的热工参数；在光环境方面，遮阳设计需要改善室内的照度均匀性以及天然光的方向性；在声环境方面，可以利用可调节外遮阳及其与窗之间形成的空气间层来增加窗体的隔声量。只有遮阳系统具有合理的功能，才能保证遮阳系统的节能效果，同时促进诸如保温、调光、控光、防噪、防盗、观景等功能的实现。

7.1.2　安全性

在遮阳与建筑一体化设计当中，遮阳部件的安全性是每项遮阳工程中必须考虑的重点因素，尤其是现今高层建筑增多，更应该提高遮阳部件的安全性能，降低安全隐患。首先，应保证遮阳部件与建筑主体结构之间有着可靠的连接方式；其次，应进行重力荷载、风荷载、地震荷载等方面的荷载计算与权衡，以及设置阻止误操作造成操作人员受到电击、撞击等伤害及产品损坏的防护措施。在安装遮阳构件之前，应对其进行安全性能测试；最后，应注意遮阳构件的堆放与现场保护、遮阳装置的吊装搬运以及施工安装过程的安全，保证施工质量。

7.1.3　装饰性

遮阳与建筑一体化设计应遵循装饰性原则。优秀的外遮阳设计不但能满足基本的功能需求，而且能与建筑融为一体，创造出独特的建筑造型与特别的室内光影效果。遮阳设计作为一种装饰手段，在遮阳与建筑一体化设计时，不但要把握好遮阳部件和建筑外立面的效果，还应充分考虑室内的视觉感受和采光、视野、观景等使用需求。同时，应深化装饰性设计原则的内涵，赋予遮阳部件以适宜的材料、优美的结构形式、和谐的比例尺度、精美的节点、丰富的变化层次及光影效果，使得遮阳部件的装饰性充满建筑技术科学美的内容。

7.1.4　经济性

在遮阳与建筑一体化设计当中，尚应遵循经济性原则，深入考虑遮阳部件的全寿命周期的价格因素。对遮阳部件而言，其全寿命周期的价格涵盖原材料开采与加工、构配件制造、施工安装、运行维护、替换回收等过程，计算遮阳部件全寿命周期内相应的影响指标并进行比较评价，以寻求遮阳功能、资源利用、能源消耗和环境污染之间的合理平衡。在我国现阶段的建筑市场中，遮阳工程前期的较高投资是阻碍其发展的重要因素。而充分考虑遮阳设计、施工、维护全过程的经济性能，可以避免这种追求短期利益的片面性，有效减少日后购置空调采暖的设备费用，以及建筑运行过程中节约的能源费用。

7.2　门窗遮阳与建筑一体化构造技术

门窗是最为常见的设置遮阳部件的部位。适宜的门窗遮阳措施不仅能够创造良好的室内物理环境，而且能够为建筑整体的外观造型寻求新的设计思路。门窗遮阳主要有产品遮阳、构件遮阳、建筑自遮阳三种形式，其中，产品遮阳具有较为统一的构造技术形式，标准化程度最高，而构件遮阳次之，建筑自遮阳最低。考虑到建筑自遮阳的构造技术较为简单，且完全依附于所属建筑，因此在本章不再赘述。下面针对构件遮阳、百叶遮阳、卷帘遮阳、太阳能遮阳、一体化窗遮阳展开相关构造技术方面的探讨。

7.2.1　构件遮阳

构件遮阳是指在用于建筑室外侧的标准化程度呈居中状态的遮阳措施。构件遮阳的形式丰富多彩，有时会掺杂少量的抹灰、浇注砼、砌砖等湿作业，应特别注意施工步骤与施工安全。构件遮阳与建筑的"一体化"设计程度较高，下面即以最为常见的混凝土构件遮阳、金属构件遮阳以及格栅构件遮阳作为例来进行构件遮阳的相关构造技术分析。

1.混凝土构件遮阳

混凝土构件遮阳是指采用混凝土作为主要面板材质的遮阳措施，按照遮挡太阳光的角度不同可以分为水平板式、垂直板式、综合板式、挡板式四类，它们的构造形式如图7-1所示。其中，综合考虑建筑节能、建筑物美观性、遮阳板材料的特性、建筑层高等因素，水平板式中的遮阳板的常见宽度为600～1200mm，长度不小于窗口的长度，遮阳板距离窗口上沿的距离通常在500～900mm之间，如图7-1（a）所示；垂直板式中的遮阳板的常见宽度同水平式，长度不小于窗口的高度，遮阳板与窗口左、右边界的水平距离根据建筑立面和遮阳效果的而定，如图7-1（b）所示；综合板式中的遮阳板设计当中一般多考虑造型的要求，对遮阳板的尺寸限制较少，遮阳板除了垂直于墙面设置之外，也可以斜置在外墙面上，如图7-1（c）所示；挡板式中的遮阳板长度一般多于窗口的长度，而遮阳板的宽度较为自由，短则300mm，长则可以超出窗口高度，如图7-1（d）所示。

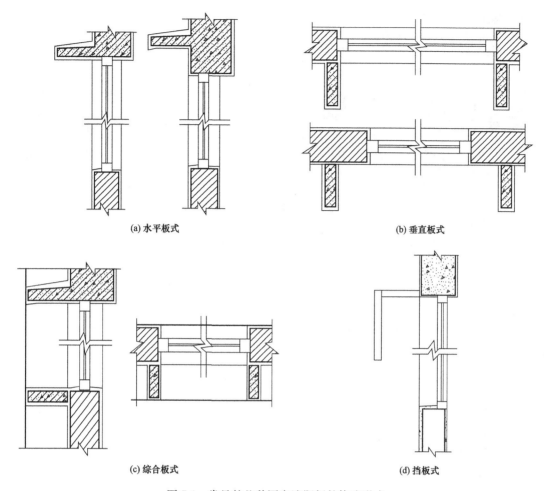

图 7-1 常见的几种固定遮阳板的构造形式

另外，在水平板式、垂直板式、综合板式、挡板式四类固定板式遮阳系统中，遮阳板也可做成格栅与百叶的外观造型，在位置的选择上也可自由分布，进而塑造了丰富多彩的建筑形象，如图 7-2 所示。在遮阳与建筑的"一体化"设计方面，构件遮阳一般用于塑造古朴、庄重的建筑立面形象，根据遮阳材料选择的不同，也可营造轻盈、现代的外观造型。

(a) 水平板式

(b) 垂直板式

图 7-2 常见的几种固定遮阳板的实景图（一）

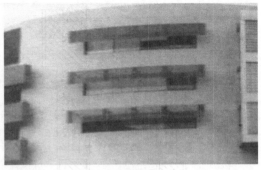

(c) 综合板式　　　　　　　　　　　　　　(d) 挡板式

图 7-2　常见的几种固定遮阳板的实景图（二）

2. 金属构件遮阳

金属构件遮阳是指采用钢材作为支撑龙骨、采用铝合金等材质包覆形成面板用于构件遮阳的措施，根据金属构件遮阳面板的设置角度可以分为水平式和垂直式两种形式。该系统不仅适用于实墙面的遮阳设计，同时也非常适用于玻璃幕墙建筑遮阳设计当中。在针对各类建筑幕墙工程的建筑外遮阳设计中，需要考虑最大风荷载对遮阳面板的影响，而钢构龙骨的设置不仅能够保证构件的安全可靠连接，还能够促进金属构件遮阳的安全运行，进而保证室内遮阳效果，如图 7-3 和图 7-4 所示。

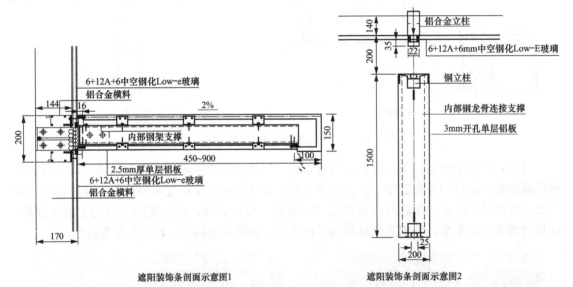

遮阳装饰条剖面示意图1　　　　　　　　　　遮阳装饰条剖面示意图2

图 7-3　常见的几种固定遮阳板的构造形式

3. 格栅构件遮阳

格栅构件遮阳是指在锯齿状的铝合金龙骨上通过咬扣铝合金叶片（扣板）形成格栅用来遮挡或调节太阳光与热辐射的门窗遮阳措施。该系统通过调整卡齿间距或铝合金叶片的宽度及系统长、宽尺寸来满足不同遮阳设计的需要，从而达到不同的遮阳效果，如图 7-5 所示。设计中的铝合金叶片为铝合金卷材机械滚压成型的，表面采用外装预滚涂耐色光或氟碳烤漆图层。龙骨需要根据各地区的日照角度来选取不同的开口率，其间距、水平遮阳系统挑出距离需要依据工程所在地区的风压计算来选定，而与建筑连接用的拉杆间距及其截面大小、膨胀螺栓等构件由具体的工程定。

厦门万达广场钢构件遮阳　　　　　　　　西安欧亚论坛中心钢构件遮阳

图 7-4　常见的几种固定遮阳板的实景图

实景图　　　　　　　　　　　　　　　　实景图

图 7-5　构造图

7.2.2　产品遮阳

产品遮阳是指将在设计与应用过程中高度标准化的产品作为遮阳的实现手段。其遮阳产品通常可以从商家直接购买，安装、维修与替换方便快捷，湿作业较少，适用性很强，根据需要遮挡位置的大小可以进行产品尺寸上的快速调整，大都可以在实际工程项目中直接采用。

在产品遮阳的结构连接方面，产品遮阳部件与主体结构的连接方式应按锚固力设计取值和实际情况确定，并应符合表 7-1 的规定。同时，在荷载计算上，遮阳部件与主体结构的各个连接节点的锚固力设计取值不应小于按不利荷载组合计算得到的锚固力值的 2 倍，且不应小于 30kN。

表 7-1　　　　　　　　　　　　　　遮阳部件与主体结构的锚固要求

种类		锚固件			
		锚固件个数	锚固位置	锚固方式	锚固件材质
外遮阳百叶帘		通过计算确定，且每边不少于 3 个	基层墙体	预埋或后置	膨胀螺栓或钢筋，防腐处理
遮阳硬卷帘					
外遮阳软卷帘		通过计算确定，且每边不少于 2 个	基层墙体	预埋或后置	膨胀螺栓或钢筋，防腐处理
曲臂遮阳篷					
后置式遮阳板（翼）	设计寿命 15 年	通过计算确定，且每边不少于 2 个	基层墙体	预埋或后置	膨胀螺栓或钢筋，防腐处理
	与建筑主体同寿命	通过计算确定，且每边不少于 4 个	基层混凝土（钢）结构	预埋（焊接、螺栓接）	钢筋，防腐处理；不锈钢

遮阳系统的结构连接件主要有预埋件和后置锚固件两类。当出挑的遮阳部件长度尺寸大于或等于 3m 时，结构连接件应采用预埋方式，此种情况下，锚固件不得直接设置在加气混凝土、混凝土空心砌块等墙体材料的基层墙体上，确实需要时，设置锚固件的位置应预埋混凝土实心块；当出挑的遮阳部件的长度尺寸小于 3m 时，结构连接件可采用后置锚固方式，并采用锚固件直接锚固在主体结构上，不得锚固在保温层上。不管是预埋件还是后置锚固件，在使用过程中均应采取有效的防锈、防腐措施，且应按照《玻璃幕墙工程技术规范》（JGJ102）和《混凝土结构后锚固技术规程》（JGJ145）规定执行，按一定比例抽样进行拉拔试验，同时针对预埋件或后置锚固件进行验收工作，以保证使用安全。

在产品遮阳的类型方面，主要有百叶遮阳和卷帘遮阳两种形式。

百叶遮阳作为常见的遮阳形式，主要具有高效隔热、节能环保、造型美观、坚固耐用等特点。百叶遮阳类型多种多样，主要产品有金属百叶帘、梭形遮阳翻板、弧形遮阳百叶、遮阳铝合金板、机翼型遮阳百叶、冲孔遮阳百叶等。根据百叶的形态不同，主要可以分为百叶帘和百叶板两类遮阳形式。因此，在百叶遮阳形式中，主要选取金属百叶帘与金属机翼百叶板两类门窗遮阳形式展开相关构造技术方面的探讨。

卷帘遮阳作为常见的遮阳形式，也拥有多种多样的类型与形式。根据卷帘的形态不同，主要可以分为硬卷帘和软卷帘两大类遮阳形式，因此，在卷帘遮阳形式中，主要将选取金属硬卷帘与织物卷帘两类门窗遮阳形式展开相关构造技术方面的探讨。

1. 金属百叶帘门窗遮阳

金属百叶帘门窗遮阳是指采用金属叶片制成百叶帘片用于启闭的门窗遮阳措施。由帘片盒、导索（或者导轨）、帘片、底杆、导索固定件、摇柄（手动方式）等组成。在金属百叶帘门窗遮阳系统中，一般采用铝合金叶片和铝合金穿孔叶片，帘片形状多为平叶状、卷边状和折叶状，如图 7-6 所示。叶片厚度一般不小于 0.45mm，长度不大于 3m，宽度常用 50、80、88mm 等规格，叶片旋转调节角度一般为 0°～70°。金属百叶帘门窗遮阳适用于 7 层且 24m 以下建筑。当在高层建筑上或经常刮台风的地区使用时，应咨询专业厂家，考虑能否使用该系统或采取的安全技术措施等问题。

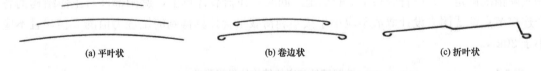

（a）平叶状　　　　　　　（b）卷边状　　　　　　　（c）折叶状

图 7-6　金属百叶帘门窗遮阳系统中常见的百叶帘片形状

金属百叶帘门窗遮阳系统按照导向装置的不同则分为导索导向系统和导轨导向系统两类。其中，导索导向系统通过导索实现帘片的收缩与展开，达到遮阳的目的，如图 7-7 所示；导轨导向系统通过导轨实现帘片的移动，从而达到遮阳目的，如图 7-8 所示。相较之下，导轨导向系统比导索导向系统的强度高、抗风压性能强。

金属百叶帘门窗遮阳系统应安装在建筑结构构件上，常见的安装方式有明装、嵌装、暗装三种。明装是指帘片盒及导轨（导索）明装于墙体外面，不影响窗口的高度，可适用于新建、改建建筑。暗装是指帘片盒暗装于墙体内，外立面看不到帘片盒，适用于新建建筑。嵌装是指帘片盒置于窗口外，帘片盒暴露在外的一面与外墙面齐平。考虑到帘片盒暴露在外极易破坏建筑整体的外观造型，因此可以说，三者在遮阳与建筑的"一体化"设计表达上呈逐步增强的趋势。明装、嵌装、暗装除了帘片盒安装的位置不同之外，在与墙体连接固定、叶片的运动方式等其他构造技术方面大致相同，且均有导索导向系统和导轨导向系统两种驱动形式。因此以明装为代表，来展示金属百叶帘门窗遮阳系统的相关构造技术。其中，导索导向系统的构造细部如图 7-9（a）所示，导轨导向系统的构造细部如图 7-9（b）所示。

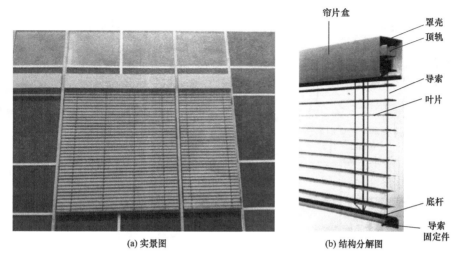

(a) 实景图 (b) 结构分解图

图 7-7 导索导向式金属百叶帘门窗遮阳系统

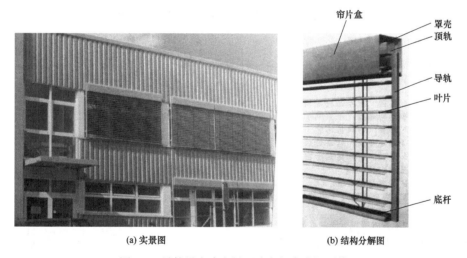

(a) 实景图 (b) 结构分解图

图 7-8 导轨导向式金属百叶帘门窗遮阳系统

2. 金属机翼百叶板门窗遮阳

金属机翼百叶板门窗遮阳是指通过启闭金属机翼百叶板来遮挡或调节太阳光与热辐射的门窗遮阳措施，实景如图 7-10 所示。该遮阳系统主要包括边框、驱动机构、叶片等组合构件，如图 7-11 所示。其中，叶片一般使用铝合金叶片和铝合金穿孔叶片，每种帘片需按照使用环境确定自己的最大跨度值。在叶片表面，可做阳极氧化处理和 RAL 聚酯粉末喷涂，且有多种颜色选择。该系统的支撑构件，即边框，由铝合金或镀锌钢支撑，构件的规格尺寸应按照国家相关标准规范进行设计。至于电机，运行速度不宜过快，一般控制在 10～20mm/s，且应当根据当地的气候环境，采用不同工作温度范围、防水等级的电机。在安装过程中，叶片通过连接件安装在支撑构件（边框）上，边框与建筑主体受力部位连接。其中叶片、边框和传动系统应连接牢靠，紧固件就位平正，进行操作时活动灵活，无卡滞，并具有更换和维修的方便性。同时应特别注意夹伤防护措施。金属机翼百叶板遮阳系统适用于 7 层且 24m 以下建筑的门窗遮阳。

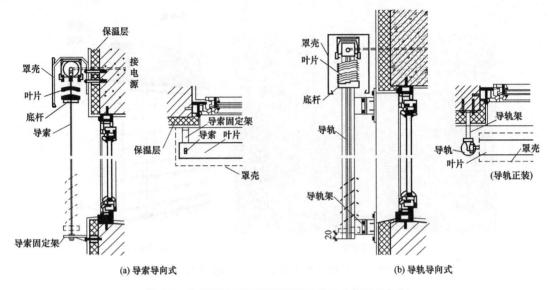

(a) 导索导向式   (b) 导轨导向式

图 7-9　金属百叶帘门窗遮阳系统的明装构造细部图

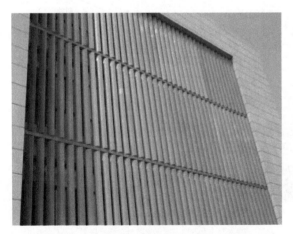

图 7-10　金属机翼百叶门窗遮阳实景图

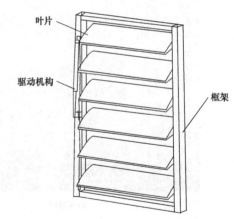

图 7-11　金属机翼百叶门窗遮阳的结构分解图

　　金属机翼百叶板门窗遮阳系统按照百叶安装方向可以分为水平式和垂直式。水平式是指叶片与水平面平行，安装在支撑构件（边框）上。该遮阳系统与建筑主体结构的连接方式多种多样，常见的有将支撑构件（边框）固定在钢筋混凝土柱上、通过 H 型钢等挑件固定在钢筋混凝土挑板上，直接固定在钢筋混凝土挑板上等，其中，叶片水平排列的固定式铝合金机翼百叶遮阳系统，安装在钢筋混凝土柱上的具体构造细部如图 7-12 所示。

　　垂直式是指叶片与水平面垂直，安装在支撑构件（边框）上。垂直式与建筑主体结构的连接方式同水平式一样，有将支撑构件（边框）固定在钢筋混凝土柱上的，也有通过挑件将支撑构件（边框）固定在钢筋混凝土挑板上，或者直接固定在钢筋混凝土挑板上的。其中，叶片垂直排列的固定式铝合金机翼百叶遮阳系统，安装在钢筋混凝挑板上的具体构造细部如图 7-13 所示。

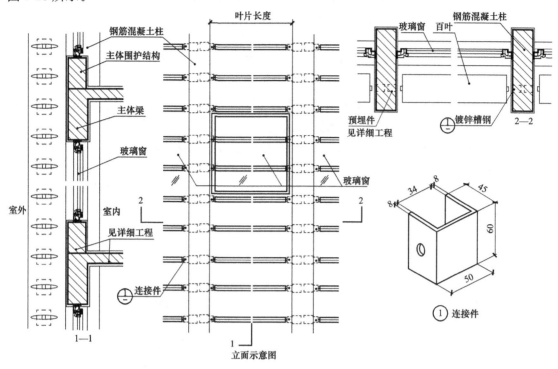

图 7-12　叶片水平排列的固定式铝合金机翼百叶遮阳系统，
安装在钢筋混凝土柱上的构造示意图

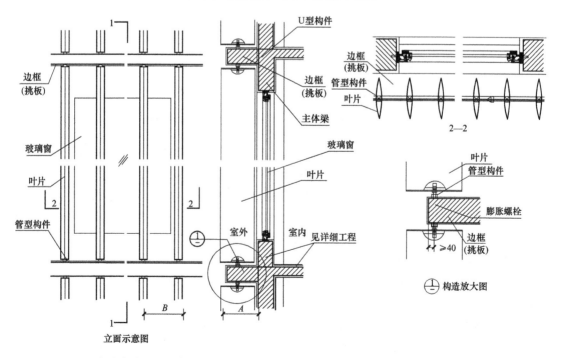

图 7-13　叶片垂直排列的固定式铝合金机翼百叶遮阳系统，安装在钢筋混凝挑板上的构造示意图

3. 金属硬卷帘门窗遮阳

金属硬卷帘门窗遮阳是指采用卷取方式，使得金属材料制成的帘片伸展和收回的门窗遮阳措施，实景如图 7-14 所示。该系统由传动系统、连接器、卷管、罩壳、端座、导轨、帘片、底座条、底座等共同组成，如图 7-15 所示。常见的帘片有铝合金、彩色涂层钢、镀锌薄钢等材质，要求帘片整体外观应清洁、平整，色泽基本一致，无明显擦痕、毛刺、折弯与凹痕。帘片如有孔洞，则孔洞需分布均匀以保证其耐久性能。帘片内填充聚氨酯发泡材料，并带有可靠的塑料侧扣，因此具有遮光率高、隔音降噪能力较强、安全防盗的作用。当窗宽度小于 1000mm 时，铝合金帘片基材厚度不应小于 0.25mm；当窗宽度为 1500～2400mm 时，铝合金帘片基材厚度不应小于 0.27mm。用于导轨的铝合金型材截面主要受力部位基材最小实测壁厚不应小于 1.6mm，帘片每端插入导轨的深度不得小于金属硬卷帘宽度的 1‰，且不小于 22mm。导轨、密封条、底座、罩壳、端座、卷管等零件要符合国家相关标准。金属硬卷帘门窗遮阳系统适用于 100m 以下民用建筑。

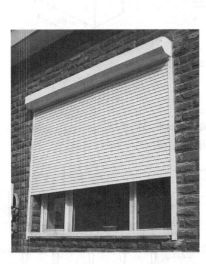

图 7-14　金属硬卷帘门窗遮阳实景图　　图 7-15　金属硬卷帘门窗遮阳的结构分解图

在金属硬卷帘门窗遮阳系统中，常见的操作方式有手拉皮带式、手摇曲柄式、管状电机驱动式三种，如图 7-16 所示。手拉皮带式和手摇曲柄式的手动启闭力不应大于 118N，适用于窗洞口宽度 600～2100mm、高度 600～2100mm。而管状电机驱动式应考虑帘片运行平稳顺畅，启闭速度一般为 3～7m/min，启闭过程中能在任何位置停止，启闭至上下限时，能自动停止。管状电机驱动式按照控制方式的不同可分为单台控制、多台控制、风控、雨控、光控等智能控制，适用于窗洞口宽度 600～3600mm、高度 600～3000mm。

金属硬卷帘门窗遮阳系统的施工安装按照卷帘盒的位置不同可以分为明装、暗装、嵌装三种构造方式。

明装是指外露的卷帘盒安装在窗洞外部，如图 7-17 所示。由于卷帘盒突出于墙面，在一定程度上影响了建筑外立面造型的整体性，因此明装形式的金属硬卷帘门窗遮阳系统在"遮阳与建筑一体化"的概念表达上稍显弱势。但是，该种安装方式一般不会影响采光面积，适用于现有建筑改造和已完工的新建筑安装，同时适合所有窗户开启方式，需在室外进行检修，该种安装方式不适用于外开类型的窗户，因为在卷帘关闭状态下，开启门窗会导致卷帘损坏。

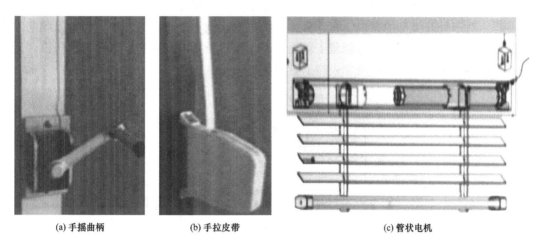

(a) 手摇曲柄　　　　　　　(b) 手拉皮带　　　　　　　　　(c) 管状电机

图 7-16　金属硬卷帘门窗遮阳常见的操作方式

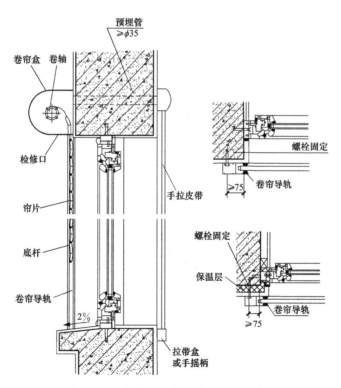

图 7-17　金属硬卷帘门窗遮阳明装构造图

暗装是指卷帘隐藏在墙体内，如图 7-18 所示。该种安装方式通过在墙体内部预留顶槽空间，能够实现卷帘系统的隐形安装，外观效果好，最能体现"遮阳与建筑一体化"的设计概念，并能最大限度地保持门窗的采光性能，它适用于设计中已考虑采用卷帘的新建筑，同时适用于所有窗户开启方式，但是要在室外进行检修。

嵌装是指卷帘盒在窗口以内，罩壳可以朝向室内，也可以朝向室外，如图 7-19 所示，该种安装方式会少量影响采光，适用于已建成房屋的窗户加装，适合内开、内倒、推拉的窗户开启方式，可在室内进行检修，方便高层建筑使用。该种安装方式同明装的金属硬卷帘门窗遮阳一样，对于外开类型的窗户，在卷帘关闭状态下，也不得开启门窗。罩壳可以朝向室内的金属硬卷帘门窗遮阳系统因为隐藏了罩壳，因此比罩壳朝向室外的金属硬卷帘门窗遮阳系统在"遮阳与建筑一体化"的概念表达上更为优越。

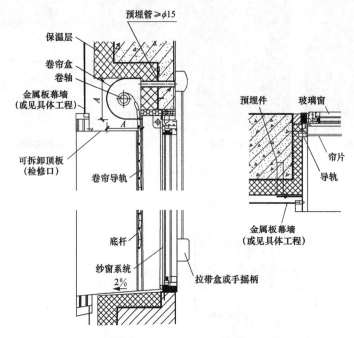

图 7-18　金属硬卷帘门窗遮阳暗装构造图

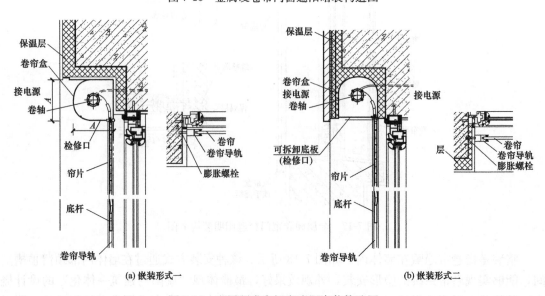

(a) 嵌装形式一　　　　　　　　　　(b) 嵌装形式二

图 7-19　金属硬卷帘门窗遮阳嵌装构造图

4. 织物卷帘门窗遮阳

织物卷帘门窗遮阳是指采用卷取方式，使织物材料（聚酯涂层织物、玻璃纤维涂层织物、丙烯酸涂层织物）的帘布向下倾斜与水平面夹角大于75°伸展、收回的门窗遮阳措施。该系统主要包括电机（或者弹簧、拉珠）、帘布、底轨、导轨等组成构件，其中，拉珠、弹簧、电动也是该系统中常见的三种驱动方式，实景如图7-20所示；根据驱动方式的不同，遮阳系统的结构分解状况也略有不同，如图7-21所示。

(a) 拉珠驱动　　　　　　　　(b) 弹簧驱动　　　　　　　　(c) 电动驱动

图 7-20　织物卷帘门窗遮阳系统实景图

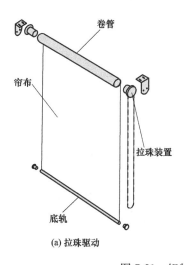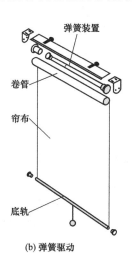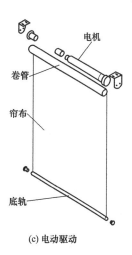

(a) 拉珠驱动　　　　　　　　(b) 弹簧驱动　　　　　　　　(c) 电动驱动

图 7-21　织物卷帘门窗遮阳系统的实景图及结构分解图

在使用过程中，应特别注意织物卷帘门窗遮阳系统中织物的防火能力，其阻燃性能应符合表7-2的要求。织物卷帘门窗遮阳系统不仅适用于底层、多层建筑门窗的外遮阳，而且能够在高层建筑上使用，因此应用范围十分广泛。织物卷帘在伸展、收回时，整个过程应灵活连续。当几幅帘布同步运行时，应保持伸展状态一致。帘布应保持整体平幅，边缘不应跑偏至与其他构件接触，收回后帘布不得自行下坠。织物卷帘门窗遮阳系统中常见的构造形式有导向式、斜臂式、折臂式三种。

表 7-2 织物的燃烧性能技术要求

阻燃性能等级	判定指标
阻燃 1 级（织物）	氧指数≥32，损毁长度≤150mm，燃烧低落物未引起脱脂棉燃烧或阴燃，烟密度等级≤15，产烟毒性等级不低于 AZ3 级
阻燃 2 级（织物）	损毁长度≤200mm，燃烧低落物未引起脱脂棉燃烧或阴燃，烟密度等级≤15，产烟毒性等级不低于 AZ3 级

导向式是通过遮阳帘布杆两段沿导轨（或导索）的轨槽（或索杆）上下滑动，实现帘布的收卷和展开。导向式织物卷帘遮阳系统采用的卷帘盒较小，适用于既有建筑的窗口上，其构造细部如图 7-22 所示。

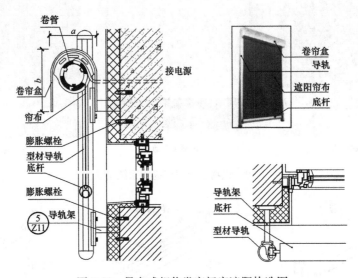

图 7-22　导向式织物卷帘门窗遮阳构造图

斜臂式是指通过与遮阳帘布底杆铰接于墙面上的支撑臂连接帘布两端，支撑臂在 0°～150°内的运动使帘布展开和收缩来实现遮阳的措施。该遮阳系统其最下端最大张开长度一般为 1.5m，其构造细部如图 7-23（a）所示。

折臂式是指一可变向的铰接折臂杆连接遮阳帘布底杆端头，折臂杆在导轨（或导索）的轨槽（或索杆）0°～150°范围内上下滑动来实现遮阳的措施，其构造细部如图 7-23（b）所示。

7.2.3　太阳能构件遮阳

太阳能遮阳是指通过采用光伏（或光热）发电板或者光伏（或光热）发电百叶来达到遮挡或调节太阳光与热辐射目的的技术措施，实景如图 7-24 所示。光伏发电板（百叶）主要由钢化玻璃、电池片、接线盒、导线、铝合金边框、EVA、硅胶等组成，如图 7-25 所示。其中，太阳能板上、下两层为透明钢化玻璃，中层为阵列的光伏电池片，EVA 用于黏结钢化玻璃和电池片，硅胶用于连接固定钢化玻璃和铝合金边框。太阳能板背面安装接线盒和导线，用于发电。玻璃的采光度由硅电池片的排列间隙来控制。

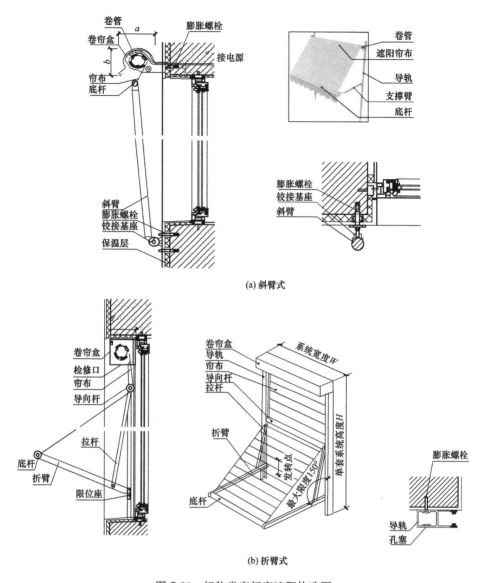

(a) 斜臂式

(b) 折臂式

图 7-23　织物卷帘门窗遮阳构造图

图 7-24　光伏发电遮阳板实景图

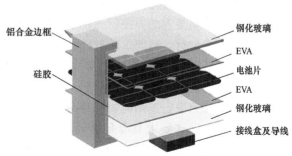

图 7-25　光伏发电遮阳板的结构分解图

147

当采用太阳能门窗遮阳系统时，光伏发电板的安装角度应综合当地纬度和建筑效果确定，上下层光伏构件之间应避免阴影相互遮挡，预埋件、支撑龙骨及连接件应符合国家规定的承载、安全性要求。

根据遮阳部件主体的形态不同，太阳能门窗遮阳系统主要分为太阳能板门窗遮阳、太阳能百叶门窗遮阳两大类。

1. 太阳能板门窗遮阳

太阳能板门窗遮阳系统是指采用太阳能板作为主体遮阳构件的遮阳措施，其主要有支架式、拉杆式和梁架式三种构造做法。其中，支架式具有较为粗壮的支架外观，可以塑造强烈的安全感，但是也容易破坏建筑整洁的外立面形象，因此常常用在对遮阳与建筑的"一体化"设计要求程度较低的厂房建筑中，该系统的具体构造如图7-26（a）所示。拉杆式是通过驳接件将拉杆于太阳能板进行连接、固定，由于拉杆较细，在"一体化"的设计表达上，将太阳能板衬托得更加轻盈、简洁，该系统的具体构造如图7-26（b）所示。梁架式由钢结构纵梁和和铝合金横梁作为主要支撑骨架，纵梁和横梁紧贴太阳能背板，且尺寸较小不易被人发觉，因此，该系统的支撑骨架对遮阳与建筑的"一体化"设计影响较小，遮阳与建筑的"一体化"设计主要还是依靠太阳能板的造型来实现，该系统的具体构造如图7-26（c）所示。

2. 太阳能百叶门窗遮阳

太阳能百叶门窗遮阳系统是指采用太阳能百叶作为主体遮阳构件的遮阳措施，其主要有角钢式和爪件式两种构造做法。其中，角钢式是指光伏百叶通过角钢与竖向框架板连接，具体构造如图7-27（a）所示；爪件式是指光伏百叶通过爪件与竖向框架板连接，具体构造如图7-27（b）所示。在遮阳与建筑的"一体化"设计方面，太阳能百叶门窗遮阳系统可用于塑造充满韵律感、匀质感的建筑外观形象。

7.2.4 一体化窗遮阳

一体化窗遮阳是指遮阳部件与窗户整合程度较高的遮阳措施，该类遮阳系统中，遮阳部件与窗户的连接位置主要有窗扇和窗框两类，因此也可以将一体化窗遮阳系统分为遮阳与窗扇一体化、遮阳与窗框一体化两种形式。

1. 遮阳与窗扇一体化

遮阳与窗扇一体化是指在窗扇的中空玻璃内安置硬卷帘（或者百叶帘）用于遮挡或调节太阳光与热辐射的一体化遮阳措施，也被称作"内置百叶中空玻璃窗遮阳"，如图7-28所示。遮阳与窗扇一体化装置的操控行为在中空玻璃外面完成。该遮阳系统主要包括保温罩壳、导轨、断桥铝合金型材、玻璃、防蚊蝇纱、硬卷帘（或者百叶帘）等组件，如图7-29所示。内置硬卷帘进行遮阳时，卷帘叶片中间填充发泡材料，有效提高隔热、隔声和抗风能力。卷帘叶片使用最为广泛的当属铝合金材质叶片，弹性好、强度高、抗腐蚀性强、经久耐用且不宜变形；内置叶片帘进行遮阳时，叶片帘一般采用塑料材质，以塑造轻盈的外观效果。系统中的铝合金型材边框则要求具有足够的刚度和强度，且平直无扭曲，允许尺寸偏差不应大于1mm，否则不利于百叶帘的启闭调节。一体化窗遮阳系统不仅适用于中低层建筑，也适用于高层建筑，应用十分广泛。

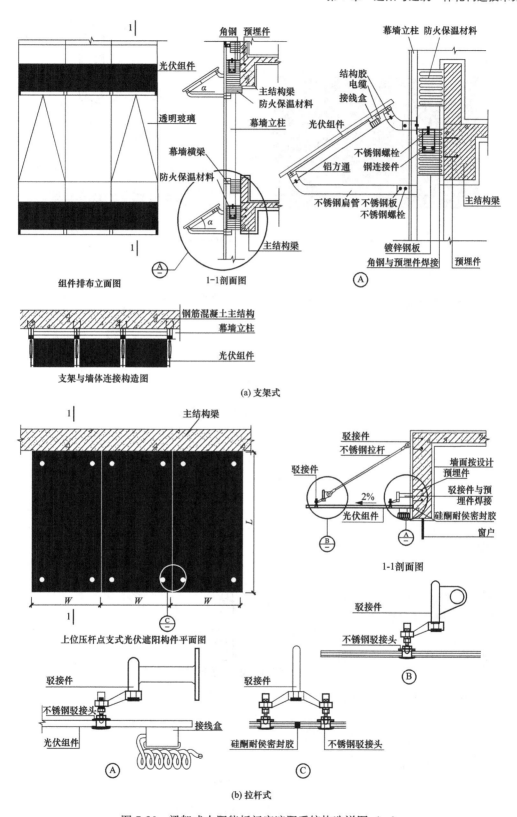

图 7-26　梁架式太阳能板门窗遮阳系统构造详图（一）

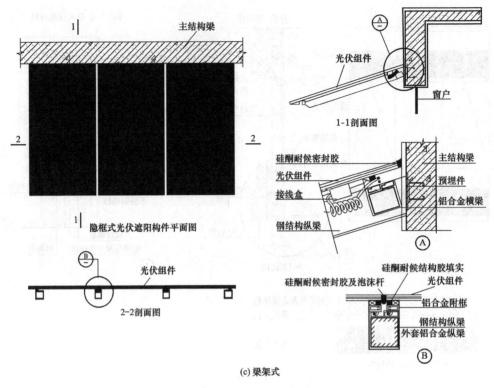

(c) 梁架式

图 7-26 梁架式太阳能板门窗遮阳系统构造详图（二）

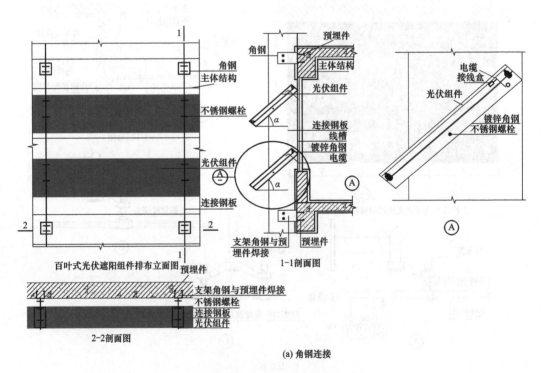

(a) 角钢连接

图 7-27 太阳能百叶门窗遮阳系统构造详图（一）

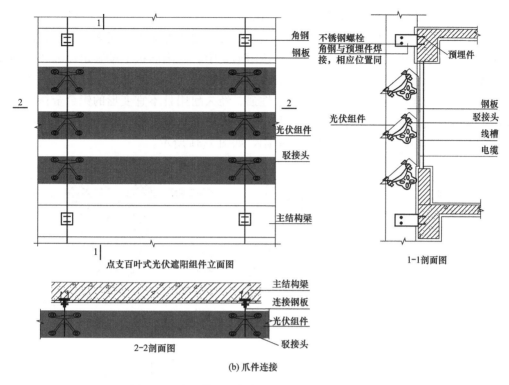

点支百叶式光伏遮阳组件立面图

1-1 剖面图

2-2 剖面图

(b) 爪件连接

图 7-27　太阳能百叶门窗遮阳系统构造详图（二）

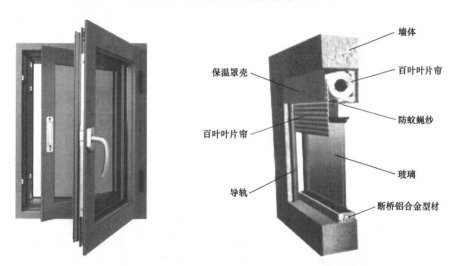

图 7-28　内置百叶中空玻璃窗实景图　　　图 7-29　内置硬卷帘遮阳

该遮阳系统采用的是中间遮阳方式，与建筑的"一体化"设计程度较高，但是对建筑的外观形象影响较少。该系统在操控方式上有手动、电动两种系统可以选择，且通常采用导轨导向系统，其具体构造细部如图 7-30 所示。

2．遮阳与窗框一体化

遮阳与窗框一体化是指遮阳面板的活动支架与窗框融为一体以达到遮挡或调节太阳光与热辐射的一体化遮阳措施。常见的类型有双摆臂百叶、单摆臂百叶和单摆臂卷帘三类，如

图 7-31 所示。在双摆臂百叶遮阳形式中，遮阳面板为折叠形状，形成双摆臂。当双摆臂完全契合在窗框中时，遮阳面板平铺在窗口之上；随着双摆臂逐渐支撑起来，遮阳面板可以调节不同的角度用于室内遮阳。在单摆臂百叶遮阳形式中，遮阳面板上端固定可翻转，形成单摆臂，该类遮阳面板也可呈现不同的遮阳效果。不管是双摆臂百叶遮阳形式还是单摆臂百叶遮阳形式，百叶均建议采用强度高、抗腐蚀性强、经久耐用且不宜变形的铝合金材质。单摆臂卷帘由卷帘头箱、盖板、帘布、底杆以及定位装置组成，其中卷帘头箱与窗框相结合，由定位装置来控制帘布的移动与开合来进行遮阳，如图 7-31 所示。

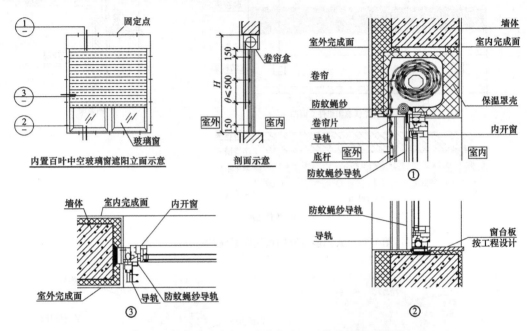

图 7-30　内置百叶中空玻璃窗遮阳系统的构造示意图

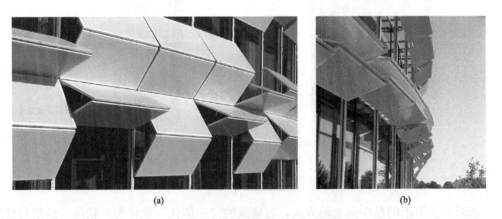

图 7-31　遮阳与窗框一体化遮阳措施

7.3　墙体遮阳与建筑一体化构造技术

墙体作为建筑的外围护结构之一，是遮阳措施的重点实施部位。良好的墙体遮阳措施能够给室内带来舒适的热环境，也能帮助建筑立面塑造新颖的外观造型。墙体遮阳的主要形式有双层玻璃幕墙遮阳、绿化墙体遮阳、附加墙遮阳等三种形式，因此将针对此三种遮阳系统展开相关构造技术方面的探讨。

7.3.1 双层玻璃幕墙遮阳

双层玻璃幕墙遮阳系统由内、外两道玻璃幕墙以及内置的百叶、卷帘组成。内、外两道玻璃幕墙中间形成一个空气间层，内附百叶或者卷帘来实现遮阳，每层上下均设置百叶进出风口，用于通风。外层的玻璃幕墙作为抵制气候变化的第一道防御层，采用有框玻璃幕墙或点支式玻璃幕墙，而内层的玻璃幕墙作为室内的饰面层，采用明框玻璃幕墙，并可开设活动窗和检修门。内置百叶双层玻璃幕墙遮阳系统中的金属骨架，包括铝合金立柱和横梁等，均应采用断热铝型材。考虑到防火安全问题，需在每层空气间层的通道上下用防火材料予以封闭，以有效控制火势蔓延。空气间层宽度常见为300～600mm，也有将宽度设计为600～1500mm，以便于日常清洁与维护检修。为了有效控制室内温度和避免室外噪声的影响，空气间层的宽度一般不会小于200mm。内置百叶双层玻璃幕墙造价较高，且工业化程度高，单元性幕墙构件均在工厂制作成型，工地现场安装。

内置百叶双层玻璃幕墙按照通风形式的不同，分为开敞外循环式和封闭内循环式两种，如图 7-32 所示。

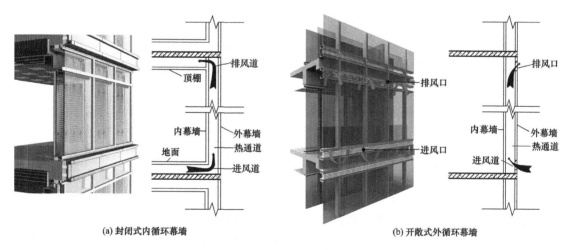

(a) 封闭式内循环幕墙　　　　　　　　　(b) 开敞式外循环幕墙

图 7-32　双层通风玻璃幕墙类型

1. 开敞外循环式

开敞外循环式内置百叶双层玻璃幕墙系统的内层幕墙一般为中空玻璃幕墙，外层采用单层钢化玻璃幕墙，并在外层幕墙的每层上下设进出风口，夏季开启，进行自然通风换气；冬季关闭，使之具有自然保温的作用，具体构造如图 7-33 所示。

2. 封闭内循环式

封闭内循环式内置百叶双层玻璃幕墙系统则是外层采用中空玻璃幕墙，内层幕墙一般为单层玻璃幕墙或单层铝合金门窗，并在内层幕墙的每层上下设进出风口，空气间层内的空气从地板下的风道进入，上升至楼板吊顶内的风道排走，具体构造如图 7-34 所示。

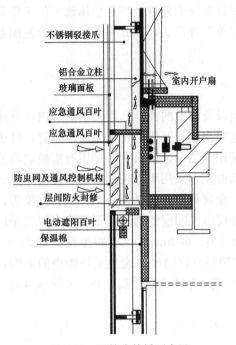

图 7-33　开敞式外循环内置
百叶双层玻璃幕墙剖面构造

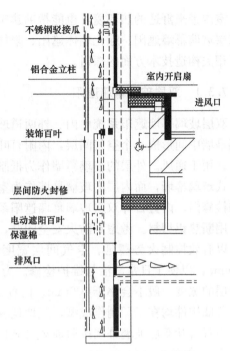

图 7-34　封闭式内循环内置百
叶双层玻璃幕墙剖面构造

　　开敞外循环式和封闭内循环式两种幕墙类型其空气间层内最为常见的遮阳构件为耐候性能较好、形态美观的穿孔铝合金百叶，不管是采用开敞外循环式还是采用封闭内循环式，系统整体的遮阳系数一般固定在 0.1～0.2。

　　常见的中空玻璃是用铝隔条隔开的两面透明白片玻璃，中间有些干燥剂，这样的配置往往在酷热的夏季还是不能满足建筑室内节能和舒适性方面的要求，而真空玻璃是采用更高强度的两面玻璃，内部空气完全抽干净，不存在空气对流和导热，在隔热、抗风压等方面的性能更为优越。因此，在内置百叶双层玻璃幕墙遮阳系统中也常常以真空玻璃取代普通的中空玻璃，以提升系统整体的节能效果。

　　另外，在内置百叶双层玻璃幕墙遮阳系统中的外层玻璃幕墙也可以采用光电玻璃，光电玻璃分为三层，上、下层是 4mm 厚透明玻璃，中间夹一层光电池，三者之间通过铸膜树脂热固而成，安装时应注意面向室内的玻璃层后设接线盒和导线，与电源插头相连。光电玻璃有透明和不透明两种，透明的光电玻璃的透光率可达 98%，不透明的光电玻璃用在内置百叶双层玻璃幕墙遮阳系统中则可与内置百叶一起共同分担遮阳的任务。特别需要注意的是，在内置百叶双层玻璃幕墙遮阳系统中，光电板一般朝南布置，并要求周围无遮挡，以充分利用太阳能。

7.3.2　绿化墙体遮阳

　　在夏季，植物大面积覆盖在外墙面上，可使外墙面免受太阳光直接照射和风吹雨打，保护外墙面的同时也保证了室内空气温度不会过高，从而保证室内具有舒适的热环境；在冬季，植物的繁茂枝叶迅速枯萎凋零，这样就几乎不会遮挡住外墙，外墙能大面积得到太阳辐射热，也能正常引进自然光线，室内并不会因为绿化墙体而变得寒冷，其优异的隔热性能使得绿化墙体成为墙体遮阳的重要手段。

采用绿化墙体遮阳时，宜采用落叶植物，并应采取适当措施防止植物可能引起的火灾、虫害、攀岩偷盗及根系对墙体的破坏。因此，绿化墙面上的外窗应采用防火玻璃窗，安装轻质、不能承受重载的金属丝网，墙面采用抗裂强度较高的水泥拉毛粉刷、毛面面砖等饰面。地区气候和墙面朝向的不同，适合种植的植被也不尽相同，需要因地制宜地选择植物材料。绿化墙体的构造形式主要有模块式、铺贴式两大类。

（1）模块式。模块式绿化墙面遮阳通常是指在距离墙面5～10cm处搭建带有灌溉系统的支撑骨架，支撑骨架呈方块模数的空格形式，再将盆栽嵌入即可。常见的构造形式是在人工支架的基础上，装上各种各样的栽培基质基盘，基盘形式包括卡盆式、包囊式、箱式、嵌入式等，实景如图7-35所示，构造示意图如图7-36所示。模块式绿化墙面遮阳系统的特点是植物选用范围广泛，自动浇灌，现场安装速度快，造价较高。绿化模块可以通过人工安装与替换，长度一般不超过50cm，质量不超过15kg，采用模块式的植被种植方式，外墙高度对植被选择的影响较小，只需注意承载体与墙面的连接牢固即可。

(a) 卡盆式　　　　　　　　　　(b) 包囊式

(c) 箱式　　　　　　　　　　(d) 嵌入式

图 7-35　模块式绿化墙面实景图

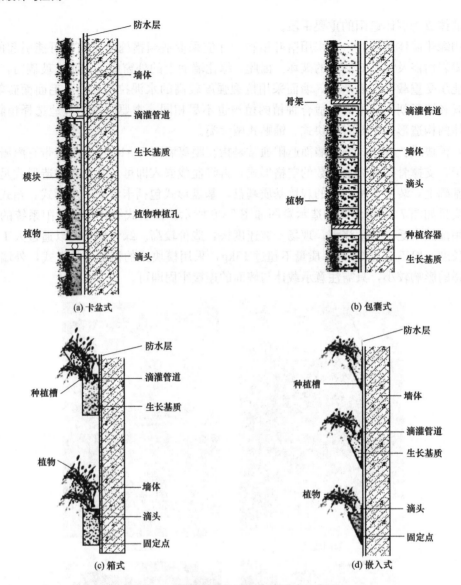

图 7-36　模块式绿化墙面构造形式示意图

（2）铺贴式。铺贴式绿化墙面遮阳系统最突出的特点是在墙面上无需加设骨架，一般采用平面浇灌系统和依附在高强度防水膜上的种植袋来实现绿化遮阳，如图 7-37（a）所示。绿化植物可以在苗圃预制用于工业化生产加工，也可以施工结束后再行种植维护。铺贴式绿化墙面遮阳系统具有防水、阻根、延长建筑寿命的特点，且摆脱了支撑骨架的限制，可以自由组合，施工上简单易行，经济实用。该系统总厚度较薄，本身不易发生变形和沉降，也不易破坏墙面的承重结构，考虑到安全性，一般还是不会应用在过高的建筑墙面上，具体构造形式如图 7-38（a）所示。

布袋式绿化墙面遮阳是铺贴式绿化墙面遮阳系统中一种特殊的构造形式，如图 7-38（b）所示。它是指以紧贴外墙面的毛毡、椰丝纤维、无纺布等作为植物生长载体，然后在这些载体上缝制内装植物及生长基质的纤维布袋，也可在布袋基质内混入植物种子来实现墙面绿化。该系统较多应用在有一定倾斜度的墙面之上，具有施工简便、造价较低等优点，且能充分利用雨水浇灌，节约水资源，具体构造形式如图 7-38（b）所示。

(a) 基本铺贴式

(b) 布袋式

图 7-37　铺贴式绿化墙面构造形式实景图

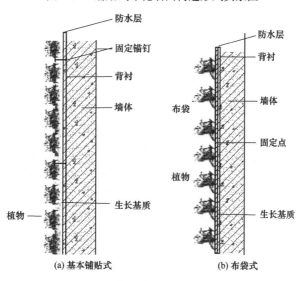

(a) 基本铺贴式　　　　　　　　(b) 布袋式

图 7-38　铺贴式绿化墙面构造图

7.3.3　附加墙体遮阳

附加墙体遮阳是指外墙室外侧设置附加的第二道墙的遮阳措施。附加墙体与外墙面之间的水平距离一般在 600～1500mm 范围之内，附加墙体和建筑的主体结构通过悬挑梁进行连接。根据第二道墙的组成形态不同，目前常见的附加墙体遮阳系统可以分为组合式和独立式两种类型。

（1）组合式。组合式是指在附加墙体遮阳系统中，附加的第二道墙由墙板和遮阳构件组合而成，如图 7-39 所示，在不影响内窗采光，以及不遮挡人远眺视线的前提条件下，墙板中间设置百叶遮阳构件或者翻板遮阳构件，其具体构造如图 7-40 所示。在该类遮阳系统中，附属墙体和主体结构之间的空气层本身就是一个很好的过渡与热量缓冲空间，可以根据季节、天气环境和每天日照的变化调节遮阳构件中百叶和翻板的倾斜角度。夏季时，白天可以关闭外层窗，以阻断外部强烈的太阳辐射热，内层窗则可以由室内活动的需要进行开闭选择。在晚上，可以开启内外两层窗，通过夹层通风和上下楼层之间的空气流动，带走部分热量。组合式附加墙体遮阳系统具有灵活性高、高效节能、维护成本较高等特点，一般应用在低、多层建筑的外墙面遮阳设计当中。在遮阳与建筑"一体化"设计方面，组合式附加墙体遮阳系统在外观造型一般具有较为强烈的韵律感和匀质感。

图 7-39　组合式附加墙体遮阳实景图

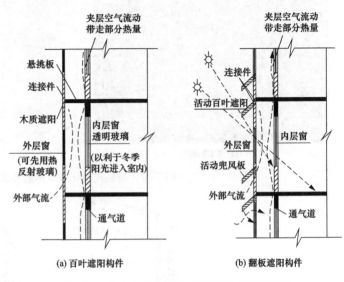

(a) 百叶遮阳构件　　　　(b) 翻板遮阳构件

图 7-40　组合式附加墙体遮阳系统构造示意图

（2）独立式。独立式是指在附加墙体遮阳系统中，附加的第二道墙由墙板和窗洞口组成，没有多余的遮阳构件，如图 7-41 所示。附加墙体可以是彩色阳光板等轻质材料，也可以直接采用混凝土墙体。顶部封口板的上端另可设置一块导风板，附加墙体下部悬空，距离地面 300mm 以上，以促进有效通风。空气夹层的顶部和底部以及窗洞口部分可以设置封口板，夏季，打开上、下密封板，利用"拔风效应"，降低墙体外表面温度；冬季，把上、下密封板关闭，使附加墙与墙体间形成静止空气夹层，起到保温效果，如图 7-42 所示。较之组合

图 7-41　独立式附加墙体遮阳实景图

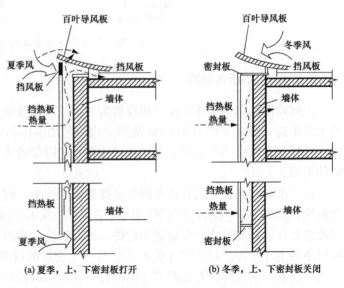

(a) 夏季，上、下密封板打开　　　(b) 冬季，上、下密封板关闭

图 7-42　独立式附加墙体遮阳系统构造示意图

式，独立式遮阳具有简单经济、便于维护等优点，主要应用在低、多层建筑的西向墙遮阳设计当中。在遮阳与建筑"一体化"设计方面，独立式附加墙体遮阳系统在窗洞口的尺寸和位置设计方面较为自由，能够塑造多种多样的平面造型。

7.4　屋顶遮阳与建筑一体化构造技术

建筑屋顶是太阳光照射最为强烈的部位，尤其是采用玻璃采光顶结构的建筑，在增加自然采光和通透性的同时也带来了光线过强、增温过高等不利影响，影响人们正常活动。常见的屋顶遮阳形式有飘板遮阳等，而采光顶遮阳产品有电动天棚帘、电动百叶等。下面将针对屋顶飘板遮阳、电动天棚帘遮阳和电动天棚百叶遮阳三种遮阳形式展开相关构造技术方面的探讨。

7.4.1　屋顶飘板遮阳

屋顶飘板是指各种造型的单板覆盖在建筑屋顶之上的屋顶遮阳措施。单板与屋面之间一般留有行人的高差，支撑构件多作简洁设计营造轻盈之感，远远望过去，单板像漂浮在建筑屋顶之上，因此也常常被称为飘板。屋顶飘板的造型各异，其支撑构件与屋顶的连接方式也各有不同，常见的有屋顶飘板干挂施工法。

在屋顶飘板干挂施工过程中，应遵循"设计与测量-安装预埋件-飘板与屋顶的连接施工-交验维护"的顺序。其中，安装施工前要搭设脚手架，并将所要使用的配件、材料等运输到所在楼顶上，做好施工准备。在飘板与屋顶的连接施工过程中，一般采用钢骨架进行焊接，此时需注意清理待焊接处表面的水、氧化皮、锈，以及油污、焊接材料必须符合设计要求并进行防腐处理。同时要特别注意飘板的材质选择、伸缩缝的设置、组装及侧边收口等细部处理，进而保证屋顶飘板的结构安全以及建筑物的整体装饰效果。

7.4.2　电动天棚帘遮阳

电动天棚帘是指运用在屋顶天棚或者采光顶位置的电动窗帘遮阳系统。该系统通过面料的开合，能有效隔绝日光直晒，减少采暖能耗，电动天棚帘能够有效实现屋顶采光与遮阳节能的和谐统一，具有广阔的发展前景，考虑到帘布的耐久性和耐候性能，一般安装在室内侧。

电动天棚帘目前主要有折叠式和卷轴式两类产品，折叠式电动天棚帘有巨力电动天棚帘和 FCS 电动天棚帘；卷轴式电动天棚帘有 FSS 电动天棚帘和 FTS 电动天棚帘。各种电动天棚帘所采用的系统、动力、导向系统、面料选择等均都存在差别，见表 7-3，在选用时应根据工程自身的需求选择适宜的电动天棚帘类型。

表 7-3　　　　　　　　　　　　四类电动天棚帘特性对比

类别	巨力折叠式电动天棚帘	FCS 折叠式天棚帘	FSS 卷轴式天棚帘	FTS 卷轴式天棚帘
系统	双轨平动系统	面料折叠单循环牵引	弹簧张力系统	面料张紧系统
动力	巨力 2 双输出电机	多种管状电机可选	多种管状电机可选	两个同型号的专用管状电机
导向系统	烤漆型导轨	导轨或者钢丝绳	导轨或者钢丝绳	导轨或者钢丝绳

类别	巨力折叠式电动天棚帘	FCS 折叠式天棚帘	FSS 卷轴式天棚帘	FTS 卷轴式天棚帘
面料选择	普通及阳光面料	普通及阳光面料	具备一定抗拉强度	颜色稳定且具备抗拉强度
开合模式	单开、双开	单开（双开也可以）	单开（双开也可以）	单开
控制方式	无线电遥控	无线电、红外、群控	无线电、红外、群控	无线遥控、手动、群控
效果	均匀的波浪效果	均匀的波浪效果	面料平整地张紧着	面料平整地张紧着
应用场所	中小型场所	大型遮阳场所	中小型遮阳场所	大型遮阳场所
传动方式	履带式传动	钢丝绳传动	无	无

（1）巨力电动天棚帘。巨力电动天棚帘遮阳系统是指采用双轨平动系统的电动天棚帘遮阳措施，主要由电机系统、面料系统和控制系统三部分组成，具体构件有主传动箱、副传动箱、轨道、滑车、电机、面料、T 型吊轮、安装码等，如图 7-43（a）所示。其中，导轨采用烤漆型导轨并选用 220V 交流异步电机，履带由碳素纤维加钢丝等合成材料制成。巨力电动天棚帘遮阳系统巨力电动天棚帘可以基本和建筑曲线相吻合，直线、弧形皆可。天棚帘完全展开后，面料呈现均匀的波浪效果。巨力天棚帘遮阳系统设计合理、高效耐用，被广泛应用于中小型的遮阳场所中，如高级住宅、花棚、玻璃屋、咖啡馆的玻璃采光顶及顶棚的遮阳等处，可用来调光遮阳，柔和进入室内的光线，保持室内温度，改善采光效果等，室内实景图 7-44（a）所示。

（2）FCS 电动天棚帘。FCS 电动天棚帘是采用 Fabric Circle System（面料循环牵引系统）的电动天棚帘。该系统由传动机构、面料支撑系统和控制系统三部分组成，具体构件有管状电机、遮阳面料、导向钢丝、电机安装架、钢丝调节器、拖布杆循环钢丝、导向配件、FCS 吊轮、发射器、接收器等，如图 7-43（b）所示。其中，遮阳篷布幅宽应控制在 0.7～2.5m 之内，每幅长度宜≤12m，单幅面积宜≤30m²。该系统张力较小，因此对面料的选择限制不大。FCS 电动天棚帘遮阳系统为水平或倾斜天窗遮阳而设计，具有单开、双开两种开合模式，打开时呈波浪状，收拢后折叠到一端，适用于大中型遮阳场所，室内实景如图 7-44（b）所示。

（3）FSS 电动天棚帘。FSS 电动天棚帘是采用 Fabric Spring System（面料弹簧系统）的电动天棚帘。该系统主要由弹簧系统、面料支撑系统和控制系统四部分组成，具体构件有 FSS 尾码、FSS 尾塞、面料、卷线器电机卷管、卷线器、转轮、FSS 管状电机、皇冠、导向钢丝张紧套件、弹簧系统、头码、FSS 导向滑轮、新式重型下梁、FSS 头码、内嵌置牵引杆滑轮等，如图 7-43（c）所示。其中，帘布面料一般采用经过预应力处理的聚酯纤维外涂层 PVC 织物和玻璃纤维外覆裹 PVC 织物，每幅幅长不宜超过 6m，单幅面积不宜超过 12m²。FSS 电动天棚帘遮阳系统打开时张紧铺开，收起时卷曲到一端，适用于中小型遮阳场所，如酒店、咖啡厅的玻璃屋顶遮阳等，室内实景如图 7-44（c）所示。

（4）FTS 电动天棚帘。FTS 电动天棚帘是采用 Fabric Tension System（面料张紧系统）的电动天棚帘。FTS 电动天棚帘遮阳系统主要由电机系统、面料张紧系统和控制系统四部分组成，具体构件有 FTS 尾码、FTS 尾塞、面料、托管安装码、管轴托管、FTS 牵引杆、圆管、卷线器、转轮、导向钢丝张紧套件、管状电机、皇冠、卷管、FTS 导向滑轮、FTS 头码、内嵌置牵引杆滑轮等，如图 7-43（d）所示。FTS 电动天棚帘遮阳系统只有单开一种开合模式。FTS 电动天棚帘遮阳系统打开时十分平整，收拢时卷曲到一端圆管上，适用于较为高档的建筑室内外天棚遮阳场所，实景如图 7-44（d）所示。

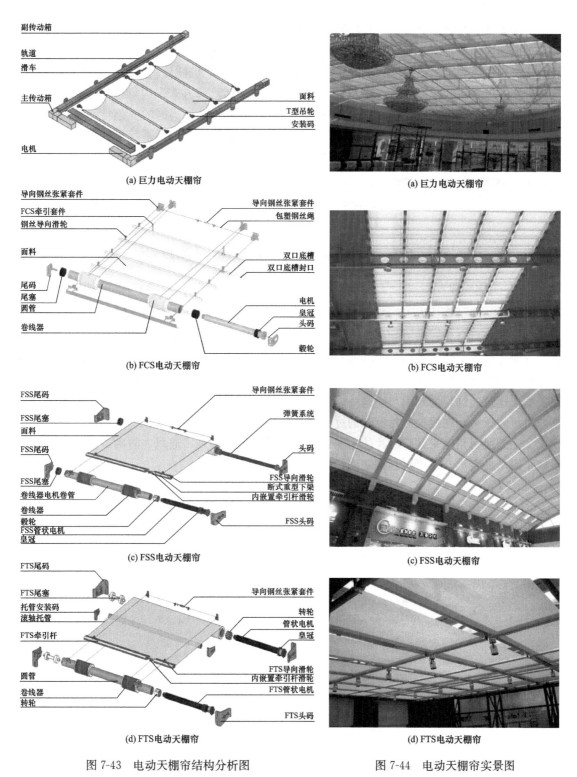

图 7-43　电动天棚帘结构分析图　　　　　图 7-44　电动天棚帘实景图

7.4.3 电动天棚百叶遮阳

电动天棚百叶遮阳系统具有良好的遮阳隔热功效。常见的电动天棚百叶遮阳系统可用于采光顶玻璃的内、外侧，通过叶片转动角度的变化来调节进入室内的光线，从而精确地调节光线强度和通风效果。该系统可通过手动控制（自锁装置）、机械传动控制、无线遥控控制、自动控制，以及感应控制（风、雨、雪、温、烟感应控制）等方式来进行操控。同时，在电动天棚百叶遮阳的设计安装过程中，叶片和边框可根据需要选择不同的颜色与建筑屋顶相匹配，为遮阳与建筑一体化设计提供了开阔的思路。电动天棚百叶遮阳系统根据百叶叶片的截面形状不同，分为机翼百叶式、平板百叶式和欧式百叶式三种，三者实景图如图 7-45 所示。

(a) 机翼百叶式 　　　　　　(b) 平板百叶式 　　　　　　(c) 欧式百叶式

图 7-45　电动天棚百叶遮阳系统实景图

（1）电动机翼式。电动机翼百叶采光顶遮阳系统主要由边框、机翼百叶叶片、驱动电机、立梁等构件组成，如图 7-46 所示。其中，叶片呈梭形，截面大且为中空结构，强度较高，常见的长度规格有 150、200、300mm 等，如图 7-47 所示。叶片颜色能够自由选择，可完美配合建筑装饰，为遮阳与建筑一体化设计的优良选择。叶片双弧面的造型能够有效减少正向风压的压力，在操控叶片旋转的过程中阻力较小。叶片转角在 0°～150°可调，使用者可根据太阳的照射角度来调整叶片的角度，从而达到遮阳、调光、通风、防雨、防尘效果，其机构坚固不易变形，还可以起到防盗作用。

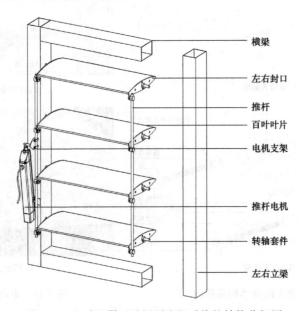

图 7-46　电动机翼百叶屋顶遮阳系统的结构分解图

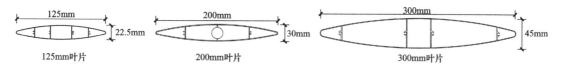

图 7-47　电动机翼百叶屋顶遮阳系统中常见的叶片类型

　　电动机翼百叶遮阳系统采用隐藏式的电机或外置式电机连杆推动，结构科学，能轻松安装组合，有可靠的质量保证，适用于各类建筑的大面积采光顶天窗的室内外遮阳。

　　（2）平板百叶式。电动平板百叶采光顶遮阳系统主要由上横梁、下横梁、平板百叶叶片、驱动电机、百叶夹等构件组成，如图 7-48 所示。其中，叶片呈双层平板中空结构，具有强度高、张力大等特点，常见的叶片规格有 Y50、Y101、Y104、Y125 等，如图 7-49 所示。叶片转角在 0°～105°可调，遮阳性能优越。

　　电动平板百叶采光顶遮阳系统采用隐藏式电机连杆驱动，叶片之间有密封卡槽、毛刷。完全关闭时，叶片的双层中空结构能有效保持室内温度、隔绝室外高温，且能降低外界噪声 30 分贝以上，另外还具有防尘、遮雨、防蚊等功能。该系统采用直流电机驱动，可与楼宇智能控制系统、消防控制中心实现联动结合。

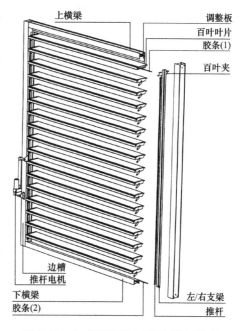

图 7-48　电动平板百叶屋顶遮阳系统的
结构分解图

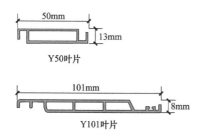

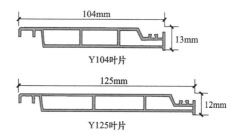

图 7-49　电动平板百叶屋顶遮阳系统中常见的叶片类型

　　（3）欧式百叶式。电动欧式百叶采光顶遮阳系统主要由换向臂支架、传动轴、齿条臂、欧式百叶叶片、传动箱、固定安装码、电机、传动条等构件组成，如图 7-50 所示。其中，叶片采用单层结构的铝合金型材，使得整个系统的外观结构显得纤细而精巧，常见的叶片宽度有 75mm、88mm、150mm 等。

　　电动欧式百叶采光顶遮阳系统采用独特的连杆驱动机构和叶片夹设计，能有效保证三角形、梯形、圆形、平行四边形等不规则面也能实现电动遮阳。叶片转角在 0°～105°可调，能够有效保证遮阳效果。

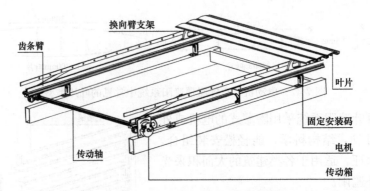

图 7-50 电动欧式百叶屋顶遮阳系统的结构分解图

不管是机翼百叶式、平板百叶式，还是欧式百叶式，电动天棚百叶遮阳系统与屋顶的连接方式有通过上挑的主梁连接，以及通过连接固定件将建筑主梁与遮阳系统连接等方式，其中，叶片、拉杆以及电机的安装位置示意如图 7-51 所示。

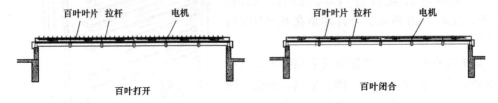

图 7-51 电动天棚百叶遮阳系统的结构位置示意图

第8章 遮阳与建筑一体化设计实践案例分析

8.1 山东建筑大学教学实验楼

8.1.1 项目概述

本次遮阳案例选取的是山东建筑大学教学实验楼，建筑位于山东省济南市山东建筑大学图书信息楼南侧，紧邻雪山东麓。该案例建筑平面设计为规则矩形，由于其为学校教学实验研究建筑，各朝向均有较多窗洞口，因此对其研究遮阳设计具有一定的典型代表性。

山东建筑大学教学实验楼为校园新建建筑，建筑方案的设计思想是本着协调发展的原则，使之建成后既能与周边环境相协调，又能突出自身个性，更好的体现校园建筑的标识性。其在色彩选用上延续了校园内既有建筑的色彩风格，与校园整体风格相协调，立面造型减少装饰性构件的使用。建筑依山就势，合理利用地形，最大限度减少对地形的破坏，减少土方工程量，建筑形态和布局充分考虑了日照采光和用地局部风环境的影响，功能布局合理，流线清晰，出入口明确，建筑效果图如图 8-1 所示。

图 8-1 山东建筑大学教学实验楼

教学实验楼的功能主要针对实验研究，建筑每层具有不同功能特性。教学实验楼采用混凝土框架结构，设计层数共计六层，一、二层层高 4.5m，一、二层主要针对实验功能用房，有大型实验室、中型实验室、小型实验室；三至六层层高 3.6m，主要为办公研究用房，有研究室、办公室、专家生活公寓等。总建筑高度 23.85m，总建筑面积 9680.1m²，底层建筑面积 2735.9m²，标准层建筑面积 1611.9m²。

教学实验楼一、二层以大型实验室为主，三至六层为教研用房，各层主要功能房间均有较高的采光需求，其建筑设计采用较大的窗墙比设计。立面设计风格简洁大方，以实体墙与长条窗口为设计元素，两者通过有序的设计，设计出具有虚实对比关系的立面效果。其各主要立面如图 8-2 所示。

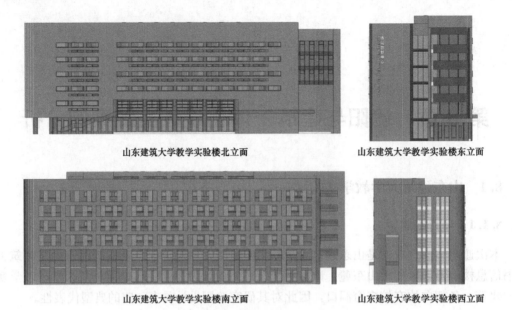

山东建筑大学教学实验楼北立面　　　　　　　山东建筑大学教学实验楼东立面

山东建筑大学教学实验楼南立面　　　　　　　山东建筑大学教学实验楼西立面

图 8-2　山东建筑大学教学实验楼立面图

建筑向北立面为建筑的主要入口，建筑立面以实体墙面形成"实"的空间，并以细长的窗户为"实"空间的点缀；建筑南向立面以较大带状玻璃窗形成"虚"空间，东西向立面设计为两端实体墙面、条状玻璃窗的虚实关系形成兼具严谨与多变的建筑形态。教学实验楼四个朝向立面设计风格统一，形式与功能结合良好，具有适度的细节变化与体量变化。

8.1.2　遮阳与建筑一体化设计

建筑遮阳作为与建筑一体化整合设计的一部分，需要从建筑设计美学与建筑技术两方面综合考虑。遮阳美学设计需要考虑建筑的虚实对比、变化与统一、节奏与韵律，并需要将遮阳构件的点元素、线元素、面元素、体元素的构件特征在设计方案中得到体现。遮阳设计中应需要采用合理的表达方式，设计遮阳构件与建筑主体结合时应达到功能性、装饰性与合理的细部设计，具有良好适度比例以达到美观性目的。

山东建筑大学实验综合楼整体立面简洁、具有强烈的虚实对比，遮阳设计应与建筑立面、形态进行一体化设计。因实验综合楼立面的虚实对比强烈，其玻璃窗数量相对较多、面积相对较大，可根据实验综合楼各个朝向不同的立面特点，进行基于建筑外立面造型进行遮阳一体化设计：其建筑南向立面主要以方形的块状点窗进行有序排列。对南向外窗进行遮阳设计时，可以设计窗户与外遮阳构件共同形成原有红色立面上的点元素，通过水平遮阳构件与每段窗户进行独立设计，使点元素形成有韵律的阵列，呈现强烈的线状体特征，显著增强建筑整体的秩序与韵律感；建筑北向立面主要细长的窗户形成条状排序，针对北向立面的遮阳设计，可以考虑将条状外窗与外遮阳构件共同形成原有红色立面的线元素，将遮阳与条形窗户整体结合设计，形成建筑的立面线元素，通过水平遮阳构件或是垂直遮阳构件，形成水平扩展或垂直向上的观感；而建筑的东西立面处在建筑的短轴位置，窗户与窗台形成了层层布置，这可以看成是建筑的面元素，而结合建筑的面元素特点，可以通过水平遮阳百叶、垂直遮阳百叶、格栅遮阳、挡板遮阳等将窗面的玻璃层形成面状元素，使遮阳作为面元素与立面进行整合设计。

　　基于建筑技术进行遮阳与建筑一体化设计时，应考虑遮阳设计的两个方面，首先需考虑建筑遮阳设计结合地域特点，依据地域气候特征进行设计；其次，需要考虑遮阳设计后，建筑是否能够满足建筑节能、室内房间自然采光、通风和热舒适度的需求。

　　山东省济南市属于全国建筑热工设计分区中的寒冷地区 B 区。济南气候特征为夏季湿热，冬季寒冷。结合济南的气候特点，针对特定立面的遮阳设计应采用可完全收起的可调节外遮阳构件，夏季高温时遮阳构件展开，以隔离太阳辐射热能；冬季寒冷时遮阳构件收起，以加强对太阳辐射热的吸收，达到增强保温的效果。针对此建筑，结合立面设计方案，建筑的南向立面宜采用水平遮阳或可调节遮阳形式；建筑北向立面考虑冬季日照光线不足，宜采用垂直遮阳，或不采用外遮阳选用室内可调节遮阳构件，以调节室内光线，改善建筑内部光环境；建筑东西立面宜采用活动遮阳，结合建筑美学设计和建筑西晒问题，东西立面宜采用可调节的水平百叶遮阳，这既可以调节研究室室内光环境，又可以改善房间西晒的问题，提高房间内部物理舒适性，遮阳构件选用如图 8-3 所示。

(a) 水平遮阳构件

(b) 可调节水平遮阳构件

(c) 水平百叶遮阳

(d) 垂直百叶遮阳

图 8-3　宜选择遮阳形式

　　结合立面遮阳设计与地域设计确定本案例遮阳形式，建筑的南立面采用固定水平遮阳，建筑北立面不采用外遮阳构件，建筑东西立面采用活动水平百叶遮阳。通过遮阳与建筑一体化设计，得出应用外遮阳前后建筑立面对比方案（图 8-4）。

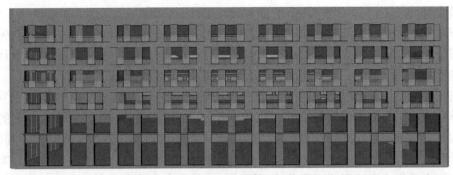

南向立面无遮阳

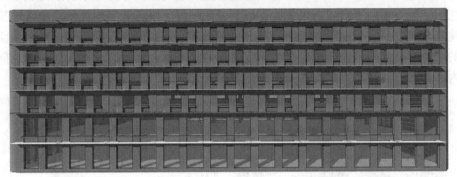

南向立面水平遮阳

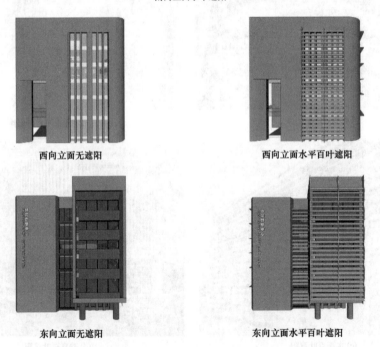

西向立面无遮阳　　　　　　　　　西向立面水平百叶遮阳

东向立面无遮阳　　　　　　　　　东向立面水平百叶遮阳

图 8-4　应用外遮阳建筑立面对比

8.1.3　基于绿色性能模拟技术的遮阳效果模拟分析与优化

通过采光软件对外遮阳构件尺寸进行参数设定，并通过采光模拟软件、通风模拟软件、能耗模拟软件，对采用不同构件尺寸参数的遮阳效果进行评价分析。

（1）建筑案例采光分析。根据山东建筑大学教学实验楼建筑设计资料，通过 Design Builder 设定建筑模型。设定地点为济南，光气候条件为全阴天，室外设计照度为 13 500lx，光气候系数 K 值为 1.1。窗户玻璃透明度为 0.9，地板反射系数 0.50，墙反射系数 0.80，天花板反射系数 0.90，遮阳板材料反射系数为 0.90。由设计资料可知，建筑中实验研究室中窗地比面积比 0.22，满足《建筑采光设计标准》（GB 50033—2013）中的设计要求。通过前文，只有南向研究室、东向研究室、西向研究室具有遮阳要求，根据建筑平面选择标准层中三间典型研究房间进行采光分析（图 8-5），西向研究室 1，东向研究室 3，南向研究室 1。根据《建筑采光设计标准》（GB 50033—2013）中对教育建筑中对实验室的规定，济南市需满足侧面采光的采光系数不低于 3.3%，室内天然采光照度不低于 450lx，根据此要求，对教学实验室房间进行遮阳参数设计。

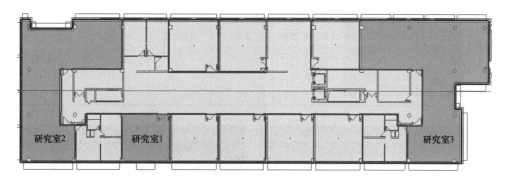

图 8-5　教学实验楼标准层平面

1）针对研究室 1 设置外遮阳。首先研究南向研究室 1，此为本楼层主要标准南向研究室，通过对此研究室模拟得到水平遮阳参数，可以将主要参数赋予东西向实验研究室中的南向窗户。此研究室的窗地比为 0.2，依据前文遮阳设计方案，设定水平遮阳板距窗上沿的距离为 600mm 时，通过 Design Builder 模拟得出满足规范的水平遮阳板的外挑长度限值为 1000mm，设置遮阳模型如图 8-6 所示。

此时室内的采光情况见表 8-1，可以看出设定水平遮阳板后，室内的平均采光系数、平均采光照度均满足《建筑采光设计标准》（GB 50033—2013）设计要求，通过照度云图可知应用水平遮阳后，室内窗口处的照度得到了降低，总体采光均匀度基本不变。

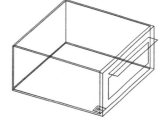

图 8-6　研究室 1 遮阳构件设置

研究室的窗户设置遮阳需要在有效降低制冷负荷的同时，最大限度地获得冬季太阳的辐射热，这时还需要验证水平遮阳板在冬季对太阳的遮挡，即水平遮阳板应该既能完全遮挡住夏至日正午的直射阳光，还需要保证冬至日正午的直射阳光满窗照入室内。通过 Design Builder 仿真可视模块，对应用水平遮阳后窗口的遮阳效果进行分析，如图 8-7 所示，应用此外遮阳参数，根据图 8-7（a）所示，遮阳板在夏至日能有效地遮挡太阳辐射，据图 8-7（b）所示，冬至日基本允许满窗得热。

表 8-1   **实验研究室 1 的采光情况对比**

研究室 1 采光情况	采光系数照度云图	平均采光系数（%）	平均采光照度（lx）	采光系数最小值（%）	采光系数最大值（%）	采光均匀度
无遮阳板	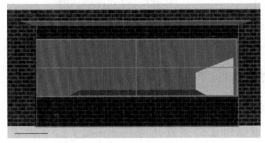	3.98	537.3	0.20	22.57	0.05
1000mm 水平遮阳板	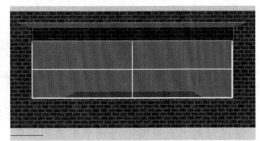	3.32	448.20	0.19	16.54	0.06

(a) 夏至日窗口阴影   (b) 冬至日窗口阴影

图 8-7　水平遮阳典型日窗口阴影

2）针对研究室 2 设置外遮阳。南向的研究室 2 为本楼层东向大型研究室，通过上文对研究室 1 得到水平遮阳参数，可以设定水平遮阳板距窗上沿的距离为 400mm，为防止西晒问题，对于西向外窗采用水平百叶遮阳，根据第 3 章分析得，设定百叶遮阳参数如下，百叶距外窗间距 300mm，百叶间距 300mm，叶片长度 200mm，叶片角度 0°，外窗叶片数量 8 片，由于房间南北进深较长，但西侧采光开窗面积较小，此时南向外窗若采用标准研究室的水平遮阳板长度 800mm，难以满足采光设计标准要求，通过 Design Builder 模拟得出满足规范的水平遮阳板的外挑长度限值为 600mm，设置遮阳模型如图 8-8 所示。

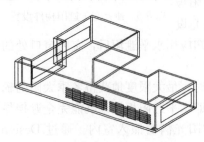

图 8-8　研究室 1 遮阳构件设置

此时室内的采光情况见表 8-2，可以看出设定百叶遮阳及南向水平遮阳后，室内的平均采光系数、平均采光照度均满足《建筑采光设计标准》的设计要求，通过照度云图可知应用水平遮阳后，室内西向窗口处、南向窗口的照度得到了降低。

表 8-2 实验研究室 2 的采光情况对比

研究室 1 采光情况	采光系数照度云图	平均采光系数（%）	平均采光照度（lx）	采光系数最小值（%）	采光系数最大值（%）	采光均匀度
无遮阳板	DF lx 22.20 2221 16.65 1666 11.10 1111 5.55 556 0.01 1	3.86	521.48	0.01	22.2	0
南向水平遮阳板西向百叶遮阳	DF lx 22.13 2215 16.60 1661 11.07 1108 5.54 554 0.01 1	3.34	450.44	0.01	21.84	0

对于南向应用水平遮阳后窗口的遮阳效果进行分析，如图 8-9 所示，应用此水平外遮阳参数，根据图 8-9（a）所示，遮阳板夏至日能有效地遮挡太阳辐射，据图 8-9（b）所示，冬至日能允许满窗得热。

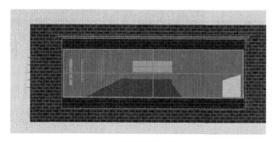
(a) 夏至日窗口阴影

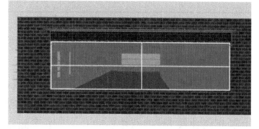
(b) 冬至日窗口阴影

图 8-9 水平遮阳典型日窗口阴影

3）针对研究室 3 设置外遮阳。南向研究室 3 是位于本楼层东端的大型研究室，此研究室东向、南向、北向均有开窗，窗口面积较大，根据上文对研究室 1 的遮阳参数设定，设定东向百叶参数与研究室 1 相同，南向水平遮阳参数与研究室 1 相同，得出百叶遮阳参数如下，百叶距外窗间距 300mm，百叶间距 300mm，叶片长度 200mm，叶片角度 0°，外窗叶片数量 8 片，水平遮阳板长度 800mm。设置遮阳模型如图 8-10 所示。

此时室内的采光情况见表 8-3，可以看出设定百叶遮阳及南向水平遮阳后，室内的平均采光系

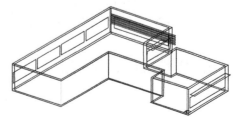
图 8-10 研究室 3 遮阳构件设置

数、平均采光照度均满足《建筑采光设计标准》设计要求，通过照度云图可知应用水平遮阳后，室内东向窗口处、南向窗口的照度得到了降低。对于南向应用水平遮阳后窗口的遮阳效果进行分析，此房间的水平遮阳参数与研究室1相同，故可以满足遮阳要求。

表 8-3　　　　　　　　　　　　实验研究室 3 的采光情况对比

研究室 1 采光情况	采光系数照度云图	平均采光系数（%）	平均采光照度（lx）	采光系数最小值（%）	采光系数最大值（%）	采光均匀度
无遮阳板		4.36	588.76	0.07	24.21	0.02
南向水平遮阳板东向百叶遮阳		3.59	484.65	0.07	23.72	0.02

（2）建筑案例通风分析。建筑采光设计的外遮阳尺寸参数可以满足建筑采光需求，下文对设置遮阳构件后的室内风环境进行验证，通过标准层的自然通风效果对建筑室内风环境的舒适度进行验证。通过 PHOENICS 进行模拟，无遮阳构件时办公楼设定参数条件与第 4 章模型相同，得出模拟结果，取实验楼四层为标准层进行分析，得出工作平面风速云图（图 8-11）、工作平面风速矢量图（图 8-12）、工作平面空气龄图（图 8-13）。

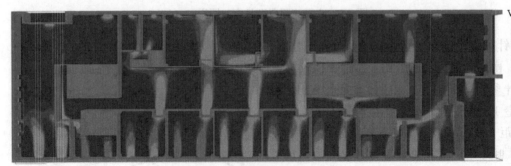

图 8-11　实验楼工作平面风速云图

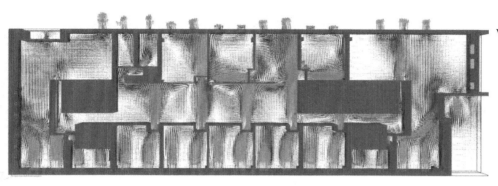

图 8-12　实验楼工作平面风速矢量图

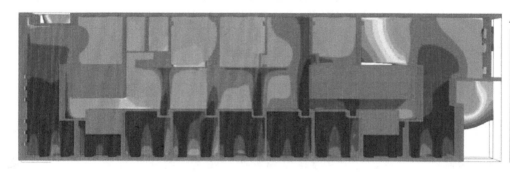

图 8-13　实验楼工作平面空气龄

再根据设定外遮阳构件后将参数导入模型，设定参数条件与上相同，得出应用外遮阳后办公平面室内风环境情况，得出模拟结果，取实验楼四层为标准层进行分析，得出设定遮阳构件的工作平面风速云图（图 8-14）、工作平面风速矢量图（图 8-15）、工作平面空气龄图（图 8-16）。

图 8-14　设遮阳构件实验楼工作平面风速云图

根据风速云图分析此实验楼平面通风流畅，办公室内的风速满足通风需求，设定遮阳构件后室内风速有一定的提高。根据风速矢量图分析得，由于中部南向办公房间与北向休息区形成对流穿堂风，导致风速较强，其余区域风速流场分布较为均匀。根据风速空气龄图分析可知，办公区东向大型研究室的北向开窗较少，致使北向空气龄较大，其余区域空气龄均较小，通风换气效果较好。综上所述，应用外遮阳后对建筑室内通风有一定的提高，在办公室工作区域可以满足风环境要求。

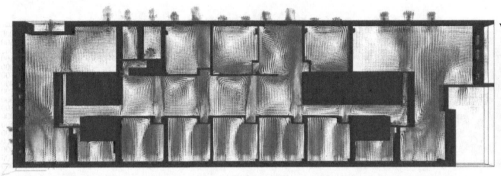

图 8-15 设遮阳构件实验楼工作平面风速矢量图

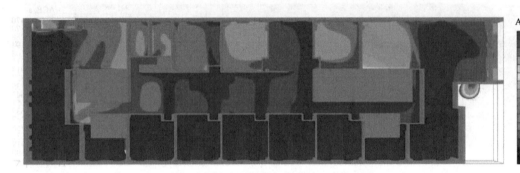

图 8-16 设遮阳构件实验楼工作平面空气龄

（3）建筑案例节能分析。山东建筑大学教学实验楼围护结构设计根据济南的气候特点，重点强化保温围护结构。墙体采用保温性能较高的材料，屋顶主体采用钢筋混凝土，保温材料采用挤塑聚苯乙烯泡沫塑料板，外窗采用中空 LOW-E 玻璃。具体外围护结构设计如下：

外墙做法设计为混凝土墙体中间保温构造，采用 5 层建筑做法，包括抹面层、混凝土层、保温层、混凝土层、混合砂浆，各层厚度及热工系数见表 8-4。

表 8-4　　　　　　　　　　　　　　外 墙 保 温 构 造 做 法

建筑做法	厚度（mm）	导热系数［W/（m·k）］	传热阻（m²·K/W）	U 值
陶瓷面砖	10	1.2		
黏结砂浆	15	0.72		
钢筋混凝土	50	2.3	7.26	0.138
复合保温材料	130	0.018		
钢筋混凝土	100	2.3		
抹灰找平	20	0.8		

屋顶做法设计为平屋顶保温构造，采用 7 层建筑做法，屋顶防水层、保温层、楼板层等各层厚度及其热工系数见表 8-5。

表 8-5   屋 顶 保 温 构 造 做 法

建筑做法	厚度（mm）	导热系数［W/(m·k)］	热阻（m²·K/W）	U 值
细石混凝土	50	1.35		
挤塑聚苯板	200	0.034		
SBS 防水卷材	4＋3	1.15		
水泥砂浆找平	20	1.0	7.427	0.135
膨胀珍珠岩	30	0.046		
水泥砂浆找平	20	1.0		
PK 楼板	130	2.3		
抹灰找平	20	0.8		

外窗选用隔热铝合金中空 LOW-E 玻璃窗，6＋12A＋6LOW-E 中空玻璃，传热系数为 2.7，窗遮阳系数为 0.86，气密性等级 6，可开启面积比 0.50，可见光透射比 0.40，窗框窗洞面积比 0.20。

对综合楼建筑设计遮阳前后的总体耗能进行比较，其耗电量数据见表 8-6。由建筑遮阳前后数值分析可以发现，当采用外遮阳设计后，建筑夏季制冷耗电量有大幅度的下降，但冬季采暖耗电量略有增加。全年夏季制冷耗电量差值为 54 242 kW·h，占未设计外遮阳时全年制冷耗电量的 10.32%，这说明本案例应用外遮阳设计后，夏季节能较明显，综合冬季采暖能耗，建筑全年总耗电量差值占全年总耗电量的比值为 5.32%。这证明在寒冷地区，合理进行遮阳设计可以有效减少建筑能耗。

表 8-6   布置遮阳前后耗电量比较

比较项	未布置外遮阳	布置外遮阳
制冷耗电量（kW·h）	525 128.37	470 886.11
采暖耗电量（kW·h）	168 540.79	187 767.05
总耗电量（kW·h）	693 669.16	658 653.16

8.2　山东青年政治学院图书馆

8.2.1　项目概述

山东青年政治学院东校区地处济南市历城区，校园自然环境优美，交通便利，其图书馆作为学校的标志性建筑，正对学校南大门，造型遵循对称原则，简洁美观。图书馆的建筑造型呈东西对称的形态，门窗部位外侧采用了水平遮阳、垂直遮阳以及综合遮阳等遮阳形式，并且以水平遮阳形式为主。建筑的平面布局围绕一个约 150m² 的中庭展开，中庭贯穿 2～5 层，顶部是一檩檩钢梁支撑起的波形玻璃天窗，采用 Low-E 玻璃，该采光顶没有附加的遮阳构件，如图 8-17 所示。

(a) 图书馆室外景

(b) 图书馆鸟瞰图

(c) 图书馆中庭内景

图 8-17　山东青年政治学院东校区图书馆

　　在功能布局方面，将主入口设置在建筑二层，阳光通过采光顶直接照射在二层地面，其东、西两侧为办公区和咨询室，处在阴影下的走道约 12m 宽，主要用于交通和暂时休憩；三、四、五层中庭的东、西两侧主要为面积较大的阅览空间，其走廊宽 3.6m，靠墙部分摆放一列桌椅用于室外学习；门厅、资料室、研究室等面积较小的次要空间被排布在中庭的南、北两侧。所有房间正对中庭方向的墙面都未做开窗处理，仅靠开门与中庭产生对话，进行自然采光和通风，如图 8-18 所示。

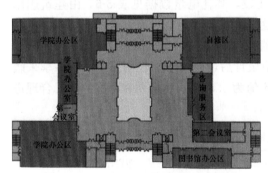
(a) 二层平面图

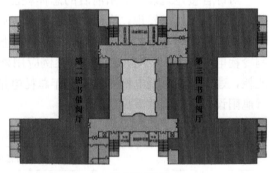
(b) 三层平面图

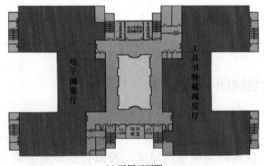
(c) 五层平面图

图 8-18　山东青年政治学院东校区图书馆平面图

8.2.2　遮阳与建筑一体化设计

　　济南市地处寒冷地区，具有夏季炎热的特点，而遮阳与建筑一体化设计能够解决建筑夏季室内热舒适性差的问题以及有效改善建筑的外观造型，因此具有重要的研究意义。在山东青年政治学院东校区图书馆的遮阳与建筑一体化设计中，主要从门窗遮阳和采光顶遮阳两个方面展开。

（1）门窗遮阳与建筑一体化。在图书馆建筑设计中，门窗遮阳形式的选择对建筑的外观造型具有直观的影响，适宜的门窗遮阳措施不仅能够创造阅览室内良好的物理环境，而且能够塑造良好的建筑形象。考虑到山东青年政治学院东校区图书馆建筑的外观造型呈东西对称的状态，因此，门窗遮阳与建筑一体化的应用现状调研与分析以建筑的南立面和西立面为主。

在遮阳与建筑一体化设计策略探讨中，有结合出挑、消减、错位、扭转、突变、随机、层叠、透视等形体构成手法的设计方法；有结合颜色、质感、透明度等材料表达方式的设计方法，其中颜色分为固有自然色、设计添加色、环境赋予色，质感分为光洁、亚光、粗糙，透明性分为物理透明性和现象透明性；也有结合支撑骨架和连接构件等结构构件的突显、消隐来实现遮阳的设计方法，具体内容参照第 6 章。以南立面和西立面为例，各个位置窗口的遮阳构件设计手法见表 8-7 和表 8-8。

表 8-7　　　　　　　　　　南向立面各个位置窗口的遮阳构件设计手法汇总

窗口部位	遮阳形式	形体构成	材料表达				结构构件	
			材质	色彩	质感	物理透明度	支撑骨架	连接构件
一层办公室外窗	水平遮阳	出挑	混凝土	灰色（固有自然色）	粗糙	不透明	凸显	消隐
二、三、四层阅览室外窗	综合遮阳	重复出挑	混凝土外加涂料	白色（设计添加色）	粗糙	不透明	消隐	消隐
五层阅览室外窗	垂直遮阳	重复出挑	铝合金	银色（固有自然色）	光洁	不透明	消隐	消隐
六层设备房外窗	水平遮阳	出挑	混凝土	灰色（固有自然色）	粗糙	不透明	消隐	消隐
入口大厅外窗	综合遮阳	消减	混凝土外加涂料	白色（设计添加色）	粗糙	不透明	凸显	消隐
			玻璃	绿色（固有自然色）	光洁	透明		
卫生间外窗	无遮阳							

表 8-8　　　　　　　　　　西向立面各个位置窗口的遮阳构件设计手法汇总

窗口部位	遮阳形式	形体构成	材料表达				结构构件	
			材质	色彩	质感	物理透明度	支撑骨架	连接构件
辅助用房外窗	水平遮阳	重复出挑	铝合金	灰色（固有自然色）	光洁	不透明	凸显	消隐
楼梯间外窗	综合遮阳	消减	混凝土	灰色（固有自然色）	粗糙	不透明	消隐	消隐

　　通过调研可以发现，在山东青年政治学院东校区图书馆的门窗遮阳设计中，为了配合图书馆建筑端庄与严谨的形象，采取的遮阳设计手法较为中规中矩，在建筑的南立面和西立面设计当中，单一的遮阳形式多做重复使用，不同的功能房间窗口外采用不同的遮阳形式，材质上以混凝土和铝合金为主，用色淡雅，结构构件多作消隐处理，如图 8-19 和图 8-20 所示。其中，南立面主要采取的遮阳形式较为多样，有水平遮阳、垂直遮阳和综合遮阳等，且均为固定式遮阳。西立面采取的遮阳形式主要为固定式水平遮阳。

图 8-19　图书馆南立面　　　　　　　　　　　　图 8-20　图书馆西立面

　　（2）采光顶遮阳与建筑一体化。在图书馆建筑设计中，常见的中庭采光顶形式为横轴或纵轴方向通长的玻璃采光顶，具有透光性能好、造型整洁美观等优点，能最大限度促进室内阅读者与外界环境的交融。但是同时也会带来严重的物理环境问题。在采光顶遮阳与建筑一体化设计中，主要有电动天棚帘遮阳和电动百叶遮阳两种遮阳形式。

8.2.3　基于绿色性能模拟技术的遮阳效果模拟分析与优化

1. 门窗遮阳与建筑一体化模拟分析与优化设计

　　门窗遮阳措施直接关系着室内光、热、风等物理环境的优劣，而且会影响与建筑"一体化"设计的表达。在山东青年政治学院东校区图书馆的门窗遮阳设计当中，存在不适宜的门窗遮阳措施，因此需要对现有的门窗遮阳与建筑一体化设计方案展开优化设计。

　　（1）西立面遮阳方案优化。由于西向窗口的阳光一般从侧面射来，太阳高度角较小，因此西向窗口较为适合采用垂直或挡板式遮阳，而不适合采用水平式遮阳。同时，考虑到西向的辅助用房面积较小，且对采光要求较低，因此建议保留固定式遮阳的设计，且将西立面的水平遮阳更改为垂直遮阳，如图 8-21 所示。

　　选取三层西南角的辅助用房简化模型作为模拟对象，利用 Design Builder 软件针对水平遮阳和垂直遮阳两种情况下的室内采光情况展开模拟。辅助用房开间 8100mm，进深 6000mm，高 4200mm；西向窗户位于建筑立面偏南侧一端，宽 3000mm，高 4200mm；玻璃的型号为双层 6mm 厚镀膜玻璃，中间真空层厚 13mm。最终得出简化模型如图 8-22 所示。在软件模拟设定中，地点为济南，光气候条件为全阴天情况。水平百叶板长 3000mm，宽 1000mm，厚 10mm；垂直百叶板长 4200mm，宽 1000mm，厚 10mm。水平百叶板和垂直百叶板距离窗口的水平距离均为 300mm。得出水平百叶板遮阳情况下的室内采光分布图如图 8-23 所示，垂直百叶板遮阳情况下的室内采光分布图如图 8-24 所示，相关数据分布结果见表 8-9。

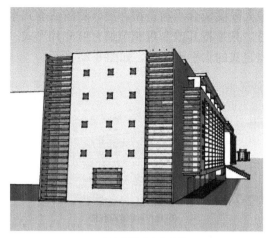

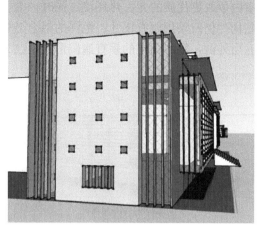

(a) 遮阳设计的应用现状　　　　　　　　　　　　　　(b) 优化后的遮阳形态

图 8-21　建筑西立面门窗遮阳与建筑一体化设计

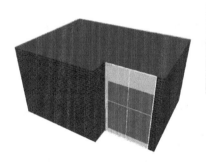

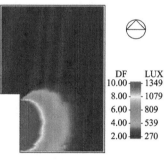

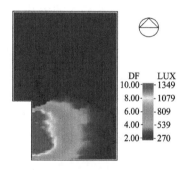

图 8-22　三层西南角的辅助　　　图 8-23　水平百叶板遮阳情　　　图 8-24　垂直百叶板遮阳情况
用房模型图　　　　　　　　　况下的室内采光分布图　　　　　下的室内采光分布图

表 8-9　　　　　　　　　水平百叶板和垂直百叶板遮阳情况下的室内采光情况

遮阳类型	平均采光系数(%)	采光系数最小值(%)	采光系数最大值(%)	采光均匀度	最小照度(lx)	最大照度(lx)
垂直百叶板	2.22	0.02	19.8	0.01	2.98	2578.21
水平百叶板	1.95	0.01	16.75	0.06	1.54	2260.04

根据模拟结果可以发现：采用水平百叶板遮阳和采用垂直百叶板遮阳两种情况下的采光系数最小值和最小照度数值几乎相同，但是采用垂直百叶板遮阳比采用水平百叶板遮阳情况下的室内平均采光系数和室内采光均匀度数值均要高。这说明，在西向立面的窗口遮阳措施中，采用垂直百叶板遮阳比采用水平百叶板遮阳具有更为优越的节能效果，能够带来更为舒适的室内采光环境。因此在西向立面的窗口遮阳措施中应优先采用垂直遮阳形式，这也进一步验证了以上遮阳设计优化方案的正确性。

（2）南立面遮阳方案优化。由于南向窗口的阳光一般从正面射来，太阳高度角较大，因此南向窗口较为适合采用水平或挡板式遮阳，而不适宜采用垂直式遮阳。在南立面的遮阳方案优化过程中，为了尽可能保留原有的建筑形象，将保留二、三、四层突出的墙面设计，也就是说一层仍旧采用挑檐遮阳形式。因为南立面的阅览室占面积较大，且使用率高，所以建议二、三、四层的南向外窗的遮阳方式由固定式水平遮阳改为活动式水平遮阳的形式，用于给室内争取更优质的光、热环境。同时，为了最大限度契合当前造型，更改后的活动式水平遮阳构件仍旧采用原有尺寸、色泽的铝合金板材，只是将其改为可调节的百叶叶片形式。至于五层外窗，则将固定的垂直遮阳形式更改为固定式的水平遮阳板，如图 8-25 所示。

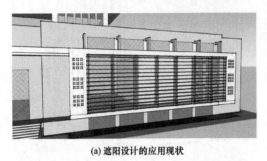

(a) 遮阳设计的应用现状　　　　　　　　　　(b) 优化后的遮阳形态

图 8-25　建筑南立面门窗遮阳与建筑一体化设计

选取五层阅览室的简化模型作为模拟对象，利用 Design Builder 软件针对水平遮阳和垂直遮阳两种情况下的室内采光情况展开模拟。阅览室开间 8100mm，进深 4500mm，高 4200mm；南向窗户位于建筑立面中间，宽 6000mm，高 3000mm；玻璃的型号为双层 6mm 厚镀膜玻璃，中间真空层厚 13mm。最终得出简化模型如图 8-26 所示。在软件模拟设定中，地点为济南，光气候条件为全阴天情况。水平百叶板长 6600mm，宽 800mm，厚 10mm；垂直百叶板长 3000mm，宽 800mm，厚 10mm。水平百叶板和垂直百叶板距离窗户边缘的水平距离均为 200mm。得出水平百叶板遮阳情况下的室内采光分布图如图 8-27 所示，垂直百叶板遮阳情况下的室内采光分布图如图 8-28 所示，相关数据分布结果见表 8-10。

图 8-26　五层阅览室
简化模型图

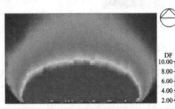

图 8-27　水平百叶板遮阳情况下
的室内采光分布图

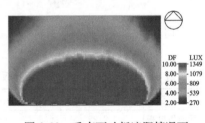

图 8-28　垂直百叶板遮阳情况下
的室内采光分布图

表 8-10　　　　　　　水平百叶板和垂直百叶板遮阳情况下的室内采光情况

遮阳类型	平均采光系数（%）	采光系数最小值（%）	采光系数最大值（%）	采光均匀度	最小照度（lx）	最大照度（lx）
垂直百叶板	6.99	0.15	18.72	0.02	21.65	2528.43
水平百叶板	8.52	0.15	22.65	0.02	20.01	3058.12

根据模拟结果可以发现：采用垂直百叶板遮阳和采用水平百叶板遮阳两种情况下的采光系数最小值和最小照度数值几乎相同，但是采用垂直百叶板遮阳情况下的室内采光系数最大值和最大照度数值要比采用水平百叶板遮阳情况下的相对数值要低，采用垂直百叶板遮阳情况下的室内平均采光系数 6.99％也比采用垂直百叶板遮阳情况下的 8.52％相对要低。同时，两者的室内采光均匀度数值相等，均为 0.02。这说明，在南向立面的窗口遮阳措施中，采用垂直百叶板遮阳与采用水平百叶板遮阳相比，对室内采光均匀度的影响不大，但是能够有效

提高室内平均采光系数，因此在南向立面的窗口遮阳措施中应优先采用水平遮阳形式，这也侧面验证了以上遮阳设计优化方案的正确性。

2. 采光顶遮阳与建筑一体化模拟分析与优化设计

以中庭为玻璃采光顶的山东青年政治学院东校区图书馆为例，为了尽可能地发挥采光顶的优势，避免或减少其消极影响，因此首先针对中庭的物理环境现状展开测试评估，随后提出实际可行的改善措施。

（1）中庭物理环境现状测试。选择山东青年政治学院东校区图书馆中庭作为测试对象，通过对此建筑中庭周边走廊及阅览室进行各项物理环境指标测试，分析图书馆中庭的物理环境舒适度，并提出对该中庭物理环境的改善措施。

测试对象主要包括受到中庭采光顶影响的各个测点位置的温度、风速、光照度等，相关物理环境测试仪器及技术参数见表 8-11，其中，风速采用风速计 Testo405-V1 进行测试取值；室内温度和光照度情况采用分体式光照度计 AS823 进行测试取值。

表 8-11　　　　　　　　　　　　物理环境测试仪器及相关技术参数

	风速计 Testo405-V1	分体式光照度计 AS823
测试仪器		
测量范围	0～5m/s（−20～0℃） 0～10m/s（0～50℃）	1～200，000lx
测量准确度	±（0.1m/s±5％读数）（2m/s 以下）； ±（0.3m/s±5％读数）（2m/s 以上）	≤10000lx 时，（±4％rgd±10）； ≥20000lx 时，（±5％rgd±10）
温度范围	−20～50℃	（−10℃～50℃，14 ℉～140 ℉）
分辨率	0.01m/s；0.1℃	1lx，0.1℃

测试时间选择 2015 年 8 月 7 日，处在我国二十四节气大暑与立秋之间，测试当天室外天气情况为多云天，并伴有南风微风。考虑到中庭对该图书馆建筑风、光、热三个方面发挥的作用，选择 7 个主要受影响的位置为测点，测点 1 为 2 层中庭中心，测点 2 为 2 层西侧临墙地面，测点 3 为 2 层东侧咨询台，测点 4 为 3 层西侧走廊桌面，测点 5 为 3 层东侧走廊桌面，测点 6 为 5 层西侧走廊桌面，测点 7 为 5 层东侧走廊桌面，如图 8-29 所示。

在上午 9 时至下午 5 时的每个整点时间点，针对适宜的测点位置进行温度、光照度、风速等指标的测试，通过不同时间同一测点的指标数值分析，查阅相关规范标准，查看是否符合基本要求，若不满足，则提出相应的改善措施；通过针对同一时间不同测点的相关数据进行对比分析，得出每个测点位置的物理环境舒适度现状，若测点位置不满足舒适度要求，则提出改善措施。

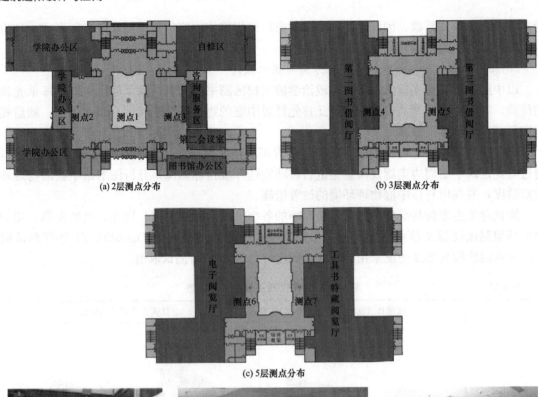

(a) 2层测点分布　　　　　　　　　　　　　　(b) 3层测点分布

(c) 5层测点分布

(d) 测点1：2层中庭中心　　　(e) 测点2：2层西侧临墙地面　　　(f) 测点3：2层东侧咨询台

(g) 测点4：3层西侧走廊桌面　(h) 测点5：3层东侧走廊桌面　(i) 测点6：5层西侧走廊桌面　(j) 测点7：5层东侧走廊桌面

图 8-29　山东青年政治学院东校区图书馆测点位置测点分布图

在测试之前必须说明的是，此次测试时间为夏季某一天，时间段较短，存在较大的不稳定性，且不能代表其他季节各个测点位置的物理环境情况。

1）光环境测试评估。考虑到图书馆中庭采光顶对室内物理环境舒适度的影响程度不同，阅览空间相对于办公、咨询等辅助空间的使用人流较大，因此选择测点 1、4、5、6、7，即 2 层中庭中心、3 层西侧走廊桌面、3 层东侧走廊桌面、5 层西侧走廊桌面、5 层东侧走廊桌面，如图 8-30 所示。在 2015 年 8 月 7 日，上午 9 时至下午 5 时的每个整点时间点，应用分体式光照度计 AS823 记录工作平面的光照度数值，根据数值整理得表 8-12。

根据表 8-12（a）可以看出，从上午 9 时至下午 5 时，随着时间的变化，2 层中庭中心的光照度数值呈抛物线状，最大值出现在 12 时，高达 22 600lx，最小值出现在下午 5 时，为 650lx。从上午 9 时至下午 4 时，光照度数值都在 1000lx 以上，不舒适感强烈，建议采取相应的改善措施，例如给采光顶加设遮阳帘、设置导光板、植物遮阳等。

根据表 8-12（b）可以看出，上午 11 时以后至下午 5 时，两者趋势和数值较为一致，数值徘徊在 18~638lx 之间。在 3 层西侧走廊桌面测点位置，下午 1 时的光照度数值降至 300lx 以下，为 113lx，而 3 层东侧走廊桌面测点位置，下午 2 时的光照度数值将至 300lx 以下，为 147lx，这意味着从此时间段开始即不能满足学生阅读的光环境要求，需要开灯进行辅助。同时可以看出，在上午 11 时以后，3 层西侧走廊桌面比东侧走廊桌面的光照度测试数据要高，这是因为透过中庭照射下来的太阳光角度随之时间而改变，上午阳光的照射角度偏向东侧走廊，下午的照射角度则偏向西侧走廊。

表 8-12　2 层中庭中心/3 层西侧走廊桌面/3 层东侧走廊桌面/5 层西侧走廊桌面/5 层
东侧走廊桌面的光照度测试数据

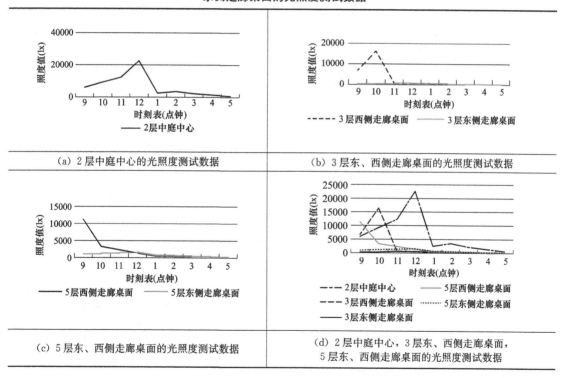

根据表 8-12（c）可以看出，从上午 9 时至 12 时，随着时间的变化，5 层西侧走廊桌面的光照度数值明显高于 5 层东侧走廊桌面的光照度数值，相差最大值出现在 9 时，高达 10 233lx，而且西侧走廊桌面光照度数值高达 11 200lx，光环境不佳，舒适度较差。12 时以后至下午 5 时，两者趋势和数值较为一致，数值徘徊在 70~685lx。在 5 层东、西侧走廊桌面测点位置，下午 4 时、5 时的光照度数值同时降至 300lx 以下，这意味着在此时间段内不能满足学生阅读的光环境要求，需要开灯进行辅助。与 3 层测试结果相似的是，在 12 时以

后，5层西侧走廊桌面比东侧走廊桌面的光照度测试数据要高，这也是因为透过中庭照射下来的太阳光角度随之时间而改变，上午阳光的照射角度偏向东侧走廊，下午的照射角度则偏向西侧走廊，而与测点位置的层数高低没有直接关系。

根据表8-12（d）可以看出，测试当天光照度值产生了明显的变化：在上午9时到12时之间，各测点位置的光照度数值相差较大，过了12时之后，数值较低，且均趋于平缓。值得一提的是，2层中庭中心的光照度数值并不是永远高于其他测点的数值，在上午9时、10时，2层中庭中心的光照度数值分别低于5层西侧走廊桌面和3层西侧走廊桌面的光照度数值，这种详细的数据分析也充分证明了中庭采光顶的设置不仅会影响到中庭部分的物理环境，对四周走廊的物理环境也会产生直接而强烈的影响。

2）风环境测试评估。中庭自然通风环境测试选择的测点位置与中庭自然采光环境测试选择的测点位置相同，分别为测点1、4、5、6、7，具体为2层中庭中心、3层西侧走廊桌面、3层东侧走廊桌面、5层西侧走廊桌面、5层东侧走廊桌面，如图8-30所示。在2015年8月7日，上午9时至下午5时的每个整点时间点，应用风速计Testo405-V1记录工作平面的风速数值，根据数值整理得表8-13。

根据表8-13（a）可以看出，3层东、西侧走廊桌面的风速在0.01～0.13m/s范围内，在上午10时、11时，下午1时、2时、3时，3层西侧走廊桌面的风速高于东侧，上午12时、下午5时低于东侧风速数值，上午9时和下午4时出现持平，总体上呈现交替往复的趋势。这是因为中庭与2层东、西两侧出入口之间设置了影壁，隔断了自然通风，而且虽然采光顶部分有设置通风口，但是工作效果不佳，因此导致各测点位置风速小而平稳，没有过大的起伏。尤其是5层东、西侧走廊桌面的风速一直处在0.05m/s以下，建议采取适宜的促进自然通风的措施，例如把采光顶附近的通风口改为机械通风口等。

表8-13　　2层中庭中心/3层西侧走廊桌面/3层东侧走廊桌面/5层西侧走廊桌面/5层
东侧走廊桌面的风速测试数据

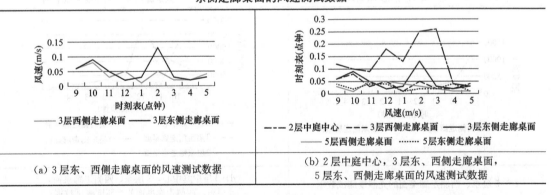

| (a) 3层东、西侧走廊桌面的风速测试数据 | (b) 2层中庭中心，3层东、西侧走廊桌面，5层东、西侧走廊桌面的风速测试数据 |

根据规范规定，室内工作平面风速要小于0.2m/s。根据表8-13（b）可以看出，可作为室内工作平面的四个测点，即3层东、西侧走廊桌面，5层东、西侧走廊桌面的风速数值都小于0.2m/s，均满足规范要求。而2层中庭中心作为主要的交通空间，其风速数值大部分时间为0.1～0.3m/s，这主要是因为该测点位于中庭与2层东、西两侧出入口之间，室外风作用相对来说较为明显。

3）热环境测试评估。

选择测点1、2、3、6、7，即2层中庭中心、2层西侧临墙地面、2层东侧咨询台、5层西侧走廊桌面、5 层东侧走廊桌面，如图 8-30 所示。在 2015 年 8 月 7 日，上午 9 时至下午 5 时的每个整点时间点，将分体式光照度计 AS823 布置在各个测点位置离地 l.5m 处，并避免阳光直接照射，应用光照度计自动记录室内温度湿度数据，根据数值整理得表 8-14。

表 8-14　2 层中庭中心/2 层西侧临墙地面/2 层东侧咨询台/5 层西侧走廊桌面/5 层东侧走廊桌面的温度测试数据

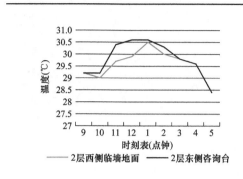

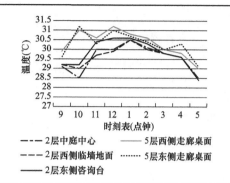

（a）2 层西侧临墙地面、2 层东侧咨询台的温度测试数据	（b）2 层中庭中心，2 层西侧临墙地面，2 层东侧咨询台，5 层东、西侧走廊桌面的温度测试数据

根据表 8-14（a）所示，从上午 9 时至下午 5 时，2 层西侧临墙地面和 2 层东侧咨询台的温度保持在 30.6℃～28.4℃之间，且东侧测点温度高于等于西侧温度，这是由于上午至中午时间段内，东侧咨询室直接被阳光照射，热辐射蔓延到东侧测点位置而导致的。

根据表 8-14（b）所示，从上午 9 时至下午 5 时，各个测点位置的温度分布大致呈现抛物线状，最高温度 31.2℃，出现在下午 1 时的 5 层西侧走廊桌面测点，最低温度 28.4℃，出现在下午 5 时的 2 层东侧咨询台测点。其中，2 层中庭中心的温度分布最为平缓，最大温差 2℃，5 层西侧走廊桌面的温度分布最为陡峭，最大温差为 2.6℃。

室内最佳温度一般是以 25℃、湿度 55％来作为标准的。对比可知，测试当天从上午 9 时至下午 5 时，各测点温度均偏高，应采取适宜的改善措施，例如给中庭采光顶增加遮阳帘幕等。

综上所述，图书馆阅览室是学生长期使用的地点，馆内的物理环境会对使用者产生较大的影响。针对山东青年政治学院东校区图书馆中庭的物理环境测试结果表明，中庭及其周边走廊的阅览空间拥有较适宜的自然通风环境，基本满足使用需求，但是对于某些位置存在采光不足、眩光以及温度较高、热舒适性较差等问题，建议采取适宜的改善措施，例如给中庭采光顶增加遮阳构件，加强机械通风等。

（2）采光顶遮阳与建筑一体化设计方案优化。相比内遮阳而言，外遮阳的遮阳效果一般更为显著。但是在山东青年政治学院东校区图书馆中庭的采光顶遮阳方案设计中，由于该采光顶呈现波浪形，最高点突出建筑屋顶平面约 1.2m，如图 8-30 所示，如若选用百叶外遮阳形式，则需先做架高处理，相较于电动天棚帘内遮阳而言，构造较复杂，施工时间长，另外考虑到内遮阳系统可为图书馆中庭呈现出若隐若幻的空间感，可观赏性更强。因此，排除百叶外遮阳形式，优先选用电动天棚帘内遮阳。常见的天棚帘种类有巨力折叠式电动天棚帘、FTS 天棚帘、FCS 天棚帘、FSS 天棚帘、巨力折叠式天棚帘等，其中档次最高、质量最好的遮阳产品是 FTS 天棚帘，最为符合该校图书馆的经济和美观要求，因此推荐选择 FTS 电动天棚帘遮阳形式，施工准备及过程记录分别如图 8-31 和图 8-32 所示。

图 8-30 采光顶外观　　　　　　　　　　图 8-31 搭建脚手架进行施工准备

针对 FTS 电动天棚帘遮阳系统对中庭热环境的改善作用展开测试。测试时间选取在 2015 年 9 月 8 日当天从上午 9 时到下午 5 时的每个整点时间点，将 FTS 电动天棚帘遮阳系统一半开启，一半关闭，如图 8-33 所示。

图 8-32 FTS 电动天棚帘施工现场　　　图 8-33 一半开启一半关闭状态下的遮阳帘

测试对象即为遮阳帘开启（有遮阳）状态下正下方的中庭底层中心点和遮阳帘关闭（无遮阳）状态下正下方的中庭底层中心点，虽然两点之间对流现象明显，但是这样的做法可以避免不同时间不同天气对数据收集所产生的干扰。温度值采用分体式光照度计 AS823 进行测试取值，测试结果见表 8-15。

表 8-15　　　　有遮阳和无遮阳状态下正下方的中庭底层中心点的温度测试数据

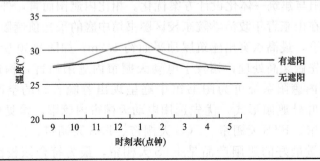

根据表 8-15 所示，从上午 9 时至下午 5 时，有遮阳和无遮阳状态下正下方的中庭底层中心点的温度呈抛物线趋势，同时有遮阳状态下测点的温度均低于同一时间无遮阳状态下测点的温度，最大温度差出现在下午 1 时，相差 2.2℃，这说明 FTS 电动天棚帘的使用使得中庭温度得到了有效降低。同时，有遮阳状态下测点的温度变化趋势较之无遮阳状态下测点的温度变化趋势也更为平缓，这说明 FTS 电动天棚帘的使用使得中庭温度的变化幅度减小，进而保证了中庭热环境的稳定性。

测试结果表明，FTS 电动天棚帘的使用能够有效降低中庭温度，并保持中庭热环境的稳定性，因此可以说在山东青年政治学院东校区图书馆的采光顶内部安装 FTS 电动天棚帘是有效的遮阳优化措施。

8.3 山东济阳科技综合楼

8.3.1 项目概述

济阳县职业中等专业学校科技综合楼位于山东地区济南市济阳县。建筑平面设计近似正方形，各朝向均设计有较多的窗洞口，因此针对其研究遮阳设计有一定的代表性。

科技综合楼为职业中等专业学校的校园建筑，其功能主要针对实践类教学；为增强建筑内的视线通透性和行为交互性，科技楼内部设四层高共享大厅。首层平面以大空间阅览为主，并配合设计相关辅助用房，大空间围绕共享大厅设计；为增强入口层的空间体验感，首层平面层高相对较高，为 4.8m。二～四层为职业中等专业学校的教学需求服务，单个房间面积相对较小，功能为训练及配套教研用房，二～四层层高为 3.9m。

科技综合楼采用混凝土框架结构，设计层数为四层，总面积为 5476.75m²。建筑外表面积 4354.06 m²，建筑体积 27364.10 m³，其建筑窗墙比为东向：0.31，西向：0.18，南向：0.33，北向：0.30。科技综合楼首层以大空间阅览为主，二～四层为训练及配套教研用房，各层空间均有较高的采光需求，因此其立面采用较大的窗墙比设计。立面设计风格简洁大方，以实体墙与透明窗体为设计元素，两者通过不同的结合模式，设计出具有虚实对比关系的立面效果。

山东地区南向空间室内舒适度高，因此科技综合楼入口设置选择东向为主入口，北向为次入口。东向立面设计形态变化较多，两端以实体墙面形成"实"的空间，并以细长的窗户为"实"空间的点缀；中间以较大玻璃窗形成"虚"空间，第四层建筑外挑，形成形态进深变化的多样性。西向立面设计也为两端实体墙面、中间玻璃窗的虚实关系，为减少西晒的影响，实体墙面未开细窗。南向、北向立面相对平整，单侧为实体墙面与细窗集合，另一侧为大面积的玻璃窗。科技综合楼四个朝向立面设计风格统一，形式与功能结合良好，适度的细节变化与体量变化，增强了建筑整体的趣味性。

8.3.2 遮阳与建筑一体化设计

遮阳构件应与建筑立面、建筑形态进行一体化设计，通过建立科技综合楼设计模型，并将模型简化处理观察分析其窗墙关系，如图 8-34 和图 8-35 所示。因科技综合楼立面设计简洁、虚实对比感强烈，其玻璃窗数量相对较多、面积相对较大。由简图分析科技综合楼立面特点，虽然窗户以方形的点窗为主，从视觉角度出发，玻璃窗大量存在且连续布置，玻璃窗排列形成立面的"线"。对窗体进行遮阳设计，可以考虑将遮阳作为点元素、线元素或色彩元素进行设计处理。

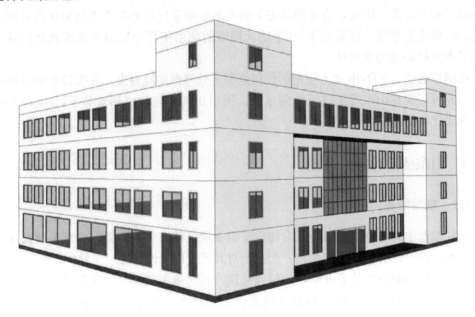

图 8-34　科技综合楼窗墙关系

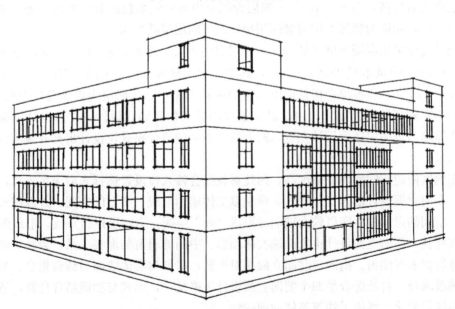

图 8-35　科技综合楼窗墙关系简化图

进行遮阳与建筑一体化设计时应考虑建筑立面特点及建筑所在地区气候特点两方面。山东地区济南市济阳县，属于寒冷地区 B 分区，因为济南城市周边三面环山，导致水汽和热空气回流，夏季相对更加容易产生潮湿高温的气候特点。济南夏季湿热，冬季寒冷，针对济南气候特点，建筑遮阳设计应优先考虑冬季可完全收起的活动外遮阳设计。科技综合楼四个立面中,只有东向窗户设计为 1.5m 宽,其他各朝向均设计 2.7m 宽,且各层层高不同,首层窗高为 3000mm,其余各层普通办公、教室空间窗高为 2100mm,因此设计外遮阳构件时,综合楼各层遮阳构件参数略有不同。

基于第六章模拟分析的内容,冬季可完全收起的活动外遮阳主要包括百叶帘遮阳、窗扇遮阳和织物卷帘遮阳,其应用形式如图 8-36～图 8-38。图 8-37 所示的窗扇遮阳能遮挡直射窗口的阳光,能有效遮挡高度角较小且正射窗口的阳光,但其相对而言比较适用于居住建筑或窗户宽度较小的外窗,而且由于综合楼的窗间墙小于窗宽,如果使用窗扇遮阳,相邻窗户间会互相产生影响,并不能做到冬季完全打开窗扇,因此窗扇遮阳对于该工程而言并不合适。对比图 8-36 所示的百叶帘遮阳和图 8-38 所示的织物卷帘遮阳,百叶帘因由大量小百叶组成,济南地区雾霾天气严重,空气污染度相对较高,百叶帘遮阳叶片较小,清洗难度大,而且过多的清洗会增加建筑使用者的反感度,在实用性方向织物遮阳相对较好。对于建筑立面而言,因窗户面积较大,窗、墙间的虚实对比明显,遮阳构件应成为虚实间的合理过渡,织物遮阳的材料特性柔软,能合理满足这个设计需求,使遮阳构件与建筑主体协调设计,丰富建筑立面变化。因此对科技综合楼进行遮阳设计时,遮阳形式选择为织物卷帘设计。

图 8-36　百叶帘遮阳　　　　　　图 8-37　窗扇遮阳　　　　　　图 8-38　织物卷帘遮阳

织物具有柔软性、开启方便、在折叠后基本不占据空间的特点。将织物表面涂上高反射膜涂层可以达到更好的抗热辐射效果。在进行织物卷帘设计时,根据各朝向特点分别进行遮阳设计。根据建筑朝向的遮阳设计特点,选择导向织物遮阳与斜臂织物遮阳两种织物遮阳形式,其应用形式如图 8-39 和图 8-40 所示。在进行东、西向遮阳设计时选择图 8-39 所示的导向织物遮阳,织物总长为窗高,导向式织物关闭时可起到类似挡板遮阳的功效。南向遮阳设计选择图 8-40 所示的斜臂织物遮阳,织物总长为窗高,织物伸缩长度及倾斜角度均可调节;斜臂织物遮阳的不同遮阳状态,既可起到导向织物遮阳的作用,又可起到类似水平遮阳的作用,使用者可以根据使用需求进行调节。

在实际应用中该遮阳设计可以根据室内需要进行多种变化,进行角度的调整及遮阳构件长度的变化。在此为了模拟分析量化其设计遮阳的效能,设定模拟条件为东西向导向织物遮阳夏季 6～18 时 100%使用,夏季其他时间及过渡季、冬季均不使用遮阳;南向斜臂织物遮阳设定夏季 6～18 时角度为 45°,织物面积 100%使用,夏季其他时间及过渡季、冬季均不使用遮阳。遮阳设计参数示意见表 8-16。

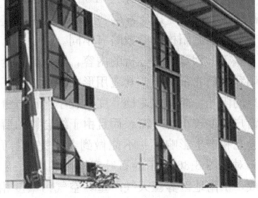

图 8-39　导向织物遮阳　　　　　　　图 8-40　斜臂织物遮阳

表 8-16　　　　　　　　　　　　　　遮阳设计参数及设计位置

示意图	遮阳形式	参数设置	设计位置
	导向织物 1	$a=3000$	楼层 1 东、西向
	导向织物 2	$a=3500$	楼层 2、3 东向
	导向织物 3	$a=2800$	楼层 2、3、4、5 东向
	导向织物 4	$a=2100$	楼层 2、3、4 西向
	斜臂织物 1	$a=3000$；$b=100$；$c=45$；$d=200$	楼层 1 南向
	斜臂织物 2	$a=2100$；$b=100$；$c=45$；$d=200$	楼层 2、3、4、5 南向

　　科技综合楼因窗洞口数量较多，因此遮阳构件与窗洞口结合点较多，织物遮阳构件与立面结合设计，不同的遮阳使用形态可以呈现出不同的立面元素特点。如南向设计的斜臂织物遮阳，当遮阳构件在过渡季使用时，主要以水平遮阳使用即可，不需要完全覆盖窗口，当其使用角度近似于水平遮阳时，斜臂织物遮阳呈现出线元素特点，如图 8-41 所示。南向设计的斜臂织物遮阳，当遮阳构件以倾斜、覆盖面较大的形式使用时，斜臂织物遮阳构件呈现出面元素特点，如图 8-42 所示。

　　遮阳构件以倾斜、覆盖面较大的形式使用时，斜臂织物遮阳构件的色彩对建筑立面影响较大，如图 8-43 和图 8-44 的色彩对比，当立面材质一定时，蓝色系的织物色泽相对柔和，而红色系的织物色泽则鲜艳夺目。因此实践应用中，学校可综合考虑科技综合楼周围环境特色及科技综合楼建筑的活泼性定位，进行遮阳构件色彩选择。

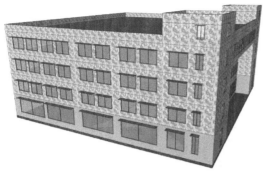

图 8-41　斜臂织物遮阳呈水平使用状态

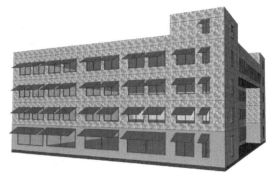

图 8-42　斜臂织物遮阳蓝色织物

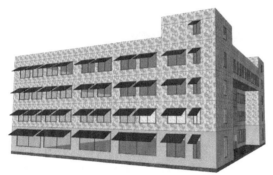

图 8-43　斜臂织物遮阳红色织物

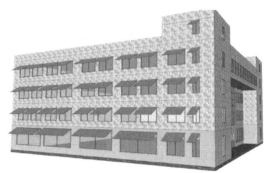

图 8-44　斜臂织物遮阳黄色织物

由于校园环境中，校园建筑的周围学生人流量相对较大，因此遮阳构件的安装应满足建筑安全的需求，避免因安装遮阳构件而产生对建筑下方行人的威胁。建议外遮阳装置暗装或嵌装在建筑物窗洞内，其设计与安装不得影响窗户的周边锚固与窗户的启闭。外遮阳装置应预留安装位置与室内操纵装置的穿墙管线，但不得影响建筑结构的强度、墙体保温性能，并具有良好的防水性能。织物构造遮阳嵌装构造设计可参考图 8-45。

8.3.3　建筑遮阳整合设计方案模拟与分析

科技综合楼建筑围护结构设计为：外墙±0.000 以下采用 M10 水泥砂浆砌筑蒸压粉煤灰砖，±0.000 以上采用 M5 混合砂浆砌筑 200mm 厚加气混凝土砌块或玻璃幕墙围护；内隔墙采用 M5 混合砂浆砌筑，200mm 厚加气混凝土砌块。外窗采用深蓝色 PVC 塑料窗框、中空玻璃（5＋12＋5，空气）传热系数 2.4 W/(M·K)，遮阳系数 0.70/—；屋面天窗采用中空夹胶玻璃，综合传热系数 2.4 W/(M·K)，遮阳系数 0.50。其模拟模型如图 8-46 所示。

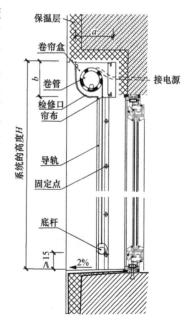

图 8-45　织物遮阳嵌装构造

其房间用途及热工参数设定见表 8-17，所有房间均设置为空调房间，室内设计温度夏季为 26℃，冬季为 20℃。

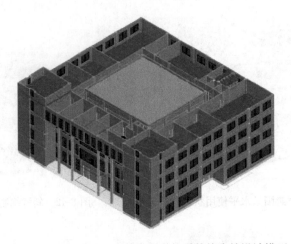

图 8-46　济阳县职业中等专业学校科技综合楼设计模型

表 8-17 房间用途及热工参数

房间用途	是否空调	累积面积 (m²)	室内设计温度（℃)		人均使用面积 (m²/人)	照明功率 (W/m²)	电器设备功率 (W/m²)	新风量 (m³/hp)
			夏季	冬季				
普通办公室	是	3564.65	26	20	4	11	20	30
走廊-办公建筑	是	1351.39	26	20	50	5	0	30
其他-办公建筑	是	537.12	26	20	20	11	5	30
合计空调房间面积（m²)		5453.16			合计非空调房间面积（m²)			0

建筑外窗面积及外遮阳设计的外窗遮阳系数、外遮阳系数、外窗综合遮阳系数即外窗总面积等值见表 8-18。该表可以查阅到各朝向外窗面积、个数，以及外遮阳设计情况。

表 8-18 外窗综合遮阳系数计算表

朝向	外窗编号	外窗类型	单个外窗面积（m²)	外窗数量（个)	外窗遮阳系数	外遮阳系数 SD	外窗综合遮阳系数 SW	外窗总面积(m²)	朝向综合遮阳系数
东	1500×3000	默认外窗	4.50	10	0.86	0.53	0.46	187.80	0.45
东	1500×2800	默认外窗	4.20	34	0.86	0.51	0.44		
南	1000×3000	默认外窗	3.00	1	0.86	0.74	0.63	223.08	0.47
南	2700×2100	默认外窗	5.67	28	0.86	0.55	0.47		
南	6300×2100	默认外窗	13.23	4	0.86	0.47	0.41		
南	1000×2800	默认外窗	2.80	3	0.86	0.73	0.62		
西	2700×2100	默认外窗	5.67	23	0.86	0.43	0.37	130.41	0.37
北	2700×2100	默认外窗	5.67	28	0.86	1.00	0.86	196.62	0.86
北	1000×3000	默认外窗	3.00	1	0.86	1.00	0.86		
北	6300×2100	默认外窗	13.23	2	0.86	1.00	0.86		
北	1000×2800	默认外窗	2.80	4	0.86	1.00	0.86		

建筑遮阳设计对建筑能耗的影响，主要从房间的外墙、屋顶、外窗、地面、内维护、灯光、设备、人员等项目的耗电量进行分析比较。因地面层与顶层房间耗能受外界环境影响波动较大，从建筑三个朝向中选择中间标准层房间进行分析。

对比分析单个房间遮阳前后能耗差异，选择建筑中间层第二层的普通办公室，均选择位于朝向中间的房间。东向选择红色标示的 5 号房间，南向选择蓝色标示的 6 号房间，西向选择黄色标示的 17 号房间，如图 8-47 所示。东向的 5 号房间、南向的 6 号房间、西向的 17 号房间其遮阳前后房间全年冷负荷值分别如图 8-48～图 8-50 所示。因三个房间面积大小不同，在此不分析其冷负荷横向比较。

分析遮阳前后房间全年冷负荷图可观测到，对于中间层的房间，不存在屋顶及

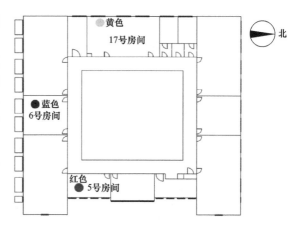

图 8-47　二层房间选择示意图

地面对冷负荷的影响；灯光、设备、人员等项目遮阳前后冷负荷略有变化，但是基本一致相差不大；冷负荷最大项目为外窗，这个数据也说明了外窗对室内辐射得热影响巨大，进行遮阳设计后可起到明显的隔热效果。在未设计遮阳时，房间外窗的冷负荷值其东向冷负荷为5415，南向为6833，西向为5924；三个朝向中南向的外窗得热最多，因此冷负荷值也最高，东西向值相对接近，西向略高。设计外遮阳后外窗冷负荷值显著下降，因其他各项均无太大变化，因此房间整体冷负荷值显著下降，外遮阳设计起到良好的夏季隔热作用，有效降低房间冷负荷。

对综合楼建筑设计遮阳前后的总体耗能进行比较，其耗电量数据见表 8-19。由建筑遮阳前后数值分析可以发现，当采用冬季完全收起的外遮阳设计时，其建筑夏季单位面积制冷耗电量有大幅度的下降，但单位面积采暖耗电量只略有增加。其夏季单位面积制冷耗电量差值为 8.68，占未设计外遮阳时单位面积制冷耗电量的 13.49%；其全年单位面积耗电量差值占遮阳前单位面积耗电量的比值为 6.29%。这充分证明即便在寒冷地区，合理设计的建筑外遮阳可以有效减少建筑能耗，建筑遮阳是值得大力推广的绿色被动技术。

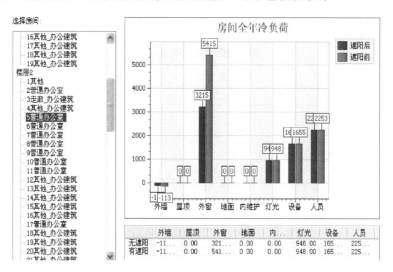

图 8-48　东向 5 号房间遮阳前后房间全年冷负荷值

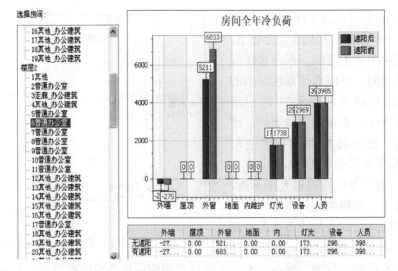

图 8-49　南向 6 号房间遮阳前后房间全年冷负荷值

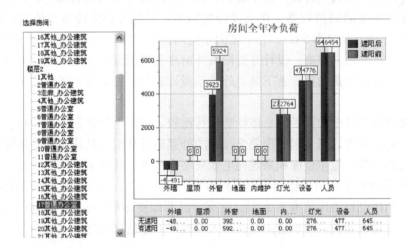

图 8-50　西向 17 号房间遮阳前后房间全年冷负荷值

表 8-19　　　　　　　　　　　　**布置遮阳前后耗电量比较**

比较项	未布置外遮阳	布置外遮阳
制冷耗电量（kW·h）	350 935.00	303 580.00
单位面积制冷耗电量（kW·h/m³）	64.35	55.67
采暖耗电量（kW·h）	343 596.00	347 280.00
单位面积采暖耗电量（kW·h/m³）	63.01	63.68
总耗电量（kW·h）	694 531.00	650 860.00
单位面积耗电量（kW·h/m³）	127.36	119.35

参 考 文 献

[1] 刘加平. 建筑物理 [M]. 北京：中国建筑工业出版社，2000.

[2] 杨柳. 建筑的遮阳设计 [D]. 南京：东南大学，2007.

[3] 岳鹏. 遮阳技术手册 [M]. 北京：化学工业出版社，2014.

[4] 刘雁飞. 建筑外遮阳与立面的整合设计研究 [D]. 重庆：重庆大学，2015.

[5] 周涵宇，刘刚，王立雄，等. 不同气候区遮阳控制策略的节能与舒适度优化 [J]. 重庆大学学报，2021，（9）：67-76.

[6] 刘刚. 基于有限元分析与实验的窗口物理环境品质综合提升研究 [D]. 天津：天津大学，2008.

[7] 黄永，顾英萍. 建筑遮阳中欧交流会 [R]. 无锡：中国建筑遮阳产业发展高峰论坛，2013.

[8] 李继龙. 型式的技术解读——高技生态建筑解析 [D]. 天津：天津大学，2003.

[9] 李峥嵘，赵群，展磊. 建筑遮阳与节能 [M]. 北京：中国建筑工业出版社，2009.

[10] 顾端青. 建筑遮阳产品应用手册 [M]. 北京：中国建筑工业出版社，2010.

[11] 何颖东，李念平，刘望保，郑德晓. 长沙地区建筑遮阳现状与分析 [J]. 建筑节能，2014，（3）：60-62.

[12] 樊小婧. 从建筑专业角度探析广州地区高层住宅的自然通风和遮阳设计 [D]. 广州：华南理工大学，2011.

[13] 樊旭燕. 从建筑遮阳看节能 [J]. 太原城市职业技术学院学报，2012，（2）：153-155.

[14] 任敏. 建筑外遮阳与建筑设计 [D]. 南京：东南大学，2007.

[15] 王金鹏. 建筑遮阳节能技术研究 [D]. 天津：河北工业大学，2007.

[16] 崔愷，李凌. 山东省广播电视中心，济南，山东，中国 [J]. 世界建筑，2013，（10）：76-81.

[17] 张晓东. 北京地区公共建筑遮阳研究 [D]. 北京：北京建筑工程学院，2008.

[18] 亚历山大·考帕. 建筑外立面速查手册 [M]. 裴丽宁，译. 辽宁：大连理工出版社，2008.

[19] 刘玲华. 建筑遮阳对绿色建筑的贡献 [J]. 西部大开发，2011，（2）：39.

[20] 鞠晓磊. 山东交通学院图书馆生态技术应用分析研究 [D]. 济南：山东建筑大学，2009.

[21] 潘孝祥. 重庆地区建筑遮阳设计策略研究 [D]. 重庆：重庆大学，2007.

[22] 张连飞. 天津地区办公建筑窗口外遮阳设计研究 [D]. 天津：天津大学，2008.

[23] 陈思昆. 寒冷地区建筑玻璃表皮的遮阳技术研究 [D]. 哈尔滨：哈尔滨工业大学，2009.

[24] 张伟伟. ECOTECT 与 Designbuilder 在能耗模拟方面的比较研究 [D]. 南京：南京大学，2012.

[25] 克里斯汀·史蒂西. 太阳能建筑 [M]. 常玲玲，刘慧，译. 辽宁：大连理工出版社，2009.

[26] 徐悦. 寒冷地区可调节式外遮阳与建筑的一体化设计 [D]. 天津：天津大学，2007.

[27] 李国豪，等. 中国土木建筑百科辞典 [M]. 北京：中国建筑工业出版社，2006.

[28] 王飞，孟庆林，张宇峰. 建筑窗口及室内自然通风CFD模拟和实验方法研究 [D]. 广州：华南理工大学，2009.

[29] 杜高. 上海地区民用建筑遮阳现状及问题分析 [J]. 四川建材，2013，（6）：114-116，118.

[30] 罗杰·斯克鲁顿著. 建筑美学 [M]. 北京：中国建筑工业出版社，2003.

[31] 房涛. 绿色大学校园的构成模式研究与实践——以山东建筑大学新校区建设为例 [D]. 济南：山东建筑大学，2009.

[32] 刘丽娜. 广州地区居住建筑外遮阳对采光、通风的影响分析及综合评价 [D]. 广州：华南理工大学，2011.

［33］ 邓盼盼. 建筑遮阳节能计算及对自然通风影响的研究［D］. 重庆：重庆交通大学，2011.

［34］ 华南理工大学. 建筑物理［M］. 广州：华南理工大学出版社，2002.

［35］ 刘念雄，秦佑国. 建筑热环境［M］. 2 版. 北京：清华大学出版社，2016.